一次寫出勸敗神文案

從平面DM到臉書宣傳，這樣的廣告最推坑！

威廉·貝瑞 William Barre——著

吳慧珍、曹嬿恆——譯

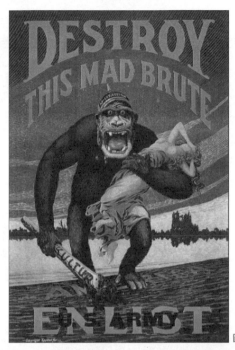

圖1

圖2

圖3

圖 4

圖 5

圖 6

圖 7

圖 8

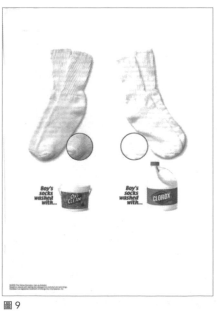

圖 9

圖 10

圖 11

圖 12

圖 13

圖 15
Photograph copyright © 2015 Principal Financial Services, Inc. Used by permission.

圖 14

圖 16
Photograph copyright © 2015 Principal Financial Services, Inc. Used by permission.

目錄 · CONTENTS

Part I · 布局篇

Part II・執行篇

來一堂紙上的文案寫作課吧！

　　本書是學習廣告文案操縱技巧的教學工具，堪稱紙上的文案寫作班。不過，我和學生之間你來我往的折衷妥協過程，無法完全在本書重現。

　　我指派了25項不同的習作給文案寫作班的學生，其中包括12到13件完整的宣傳文案。學生繳交的作業我都一一批評指正，給予學生具體的回應，讓他們能夠自我改進。學生根據我的評論和建議進行修正之後，我再重新檢查他們的作品。這是不是像極了在內心打一場激烈的乒乓球賽？折衷妥協，是學習任何技術都不可或缺的一環。

　　可惜的是，這超出了本書範圍，也不在其他任何文案寫作書籍的範圍之內。我在這裡能夠做的，就是將我在廣告及文案方面累積的經驗知識傾囊相授，引領你步上正確的軌道。在這條學習之路上，我給你的功課包括實用的練習與廣告創意簡報，你可藉此好好應用所學，希望這有助於你累積個人作品集，順利應徵

到理想工作。

　　凡是值得付出心力的事，從來沒有一件稱得上輕鬆容易。我曾這樣告訴過學生：學習廣告文案寫作，就像拿自己的頭去撞磚牆，注定會頭破血流，若你堅持不懈地衝撞，這面阻礙前路的磚牆遲早會崩塌。有些人的學習障礙清除得快，有些人困在「學習迷霧」中的時間比較久，但只要你堅持下去，這面高牆終有被推倒的一天，你便能昂首闊步走自己的路。

前言 從策略面到執行面的文字魔法

本書的目的在教導你撰寫品牌廣告文案的基本技巧。廣告還有其他形式，例如報紙的分類廣告，特賣、促銷、開幕的宣傳廣告，雜誌的小空間廣告等等。但這幾類廣告不是我們關心的重點，我們只在乎品牌廣告，因為那既是樂趣所在，又是獲利來源，也是能讓我們過足專業癮頭之處。作為一個專業的文案寫手，離品牌廣告越遠，就越沒樂趣可言。所以，起碼要從嚮往寫品牌廣告文案開始，若是這個方向無所斬獲，再轉向 B 計畫。

品牌廣告的目標是創造並強化品牌個性，進而名正言順地促成品牌溢價（brand premium）。簡單來說，品牌溢價指的是品牌可以自抬身價，向消費者索取更高的價碼。當然，品牌是沒有生命的物體，它們並非真的有什麼個性，但品牌廣告的魔力正是由此而來。彷彿變魔術一般，凡出色的廣告都有雙無形之手操縱閱聽大眾，本書將教你如何從策略面到執行面，施展這樣的魔法。

13

正所謂知易行難,施展這套魔法需要勤加演練。在你學做某件事的時候,你也在學習一項技巧,你不能坐而言,必須起而行。在精通某項技巧的過程中,少不了實際操作——也就是嘗試錯誤(trial and error)。舉例來說,房子怎麼蓋我可以說得頭頭是道,叫我實際動手可就沒辦法,我沒有這方面的技能。文案寫作也一樣,文案寫作是項專門技術,就算是已躋身大師級的人物,也無法隨心所欲地駕馭。廣告文案這門操縱藝術也需要嚴格的監督,但只要你遵照我的指導,讀完本書之後,你不僅能對文案寫作侃侃而談,還能夠揮灑自如!

在廣告界工作,簡直就像搭雲霄飛車,特別是創意類的職務,例如文案寫手或藝術總監。一開始先爬上陡坡,再來是五臟六腑都翻攪在一塊兒的俯衝,還有毫不留情的迂迴曲折、令人難以置信的迴旋翻轉。活躍於廣告界的人都愛極了「雲霄飛車」,因為他們容易厭倦、渴望刺激,可說是新一代的「怪咖」。

本書的焦點放在文案寫作,以及寫文案之前就該擬訂好的廣告策略,但本書很大一部分同樣適用於文案寫手在公司的合作夥伴——藝術總監。文案寫手與藝術總監可謂秤不離砣,他們相互請益學習,讓創意在他們之間馳騁飛奔,這種工作方式令人振奮,也充滿了生命力。對適合走這一行的人來說,創作廣告是畢生難忘的旅程。如果你自認天生適合吃這行飯,跳上來吧,雖然你未必一路愉快到底,但我保證你絕對不會無聊!

Part I

布局篇

01 用文字操縱人心前的基本技巧

哥吃的不是穀片，而是兒時的甜蜜回憶

　　我敢打賭，你迫不及待要揮灑自己天馬行空的創意了。你有滿腦子的點子、廣告標題和電視預告片想找舞台發揮。這很正常，好玩的地方就在這裡，也是你購買本書的原因。不過在那之前，我們必須從最基本的做起，才能打好基礎，就和蓋房子要打地基是一樣的道理。我們為何要做品牌廣告（brand advertising）？它有哪些地方符合更廣泛的經營和行銷原則，又是如何辦到的？這些基本原理你必須先知道。

　　我先後在兩所不同的大學教授廣告，連續九年的時間，廣告系學生都得先上過行銷傳播入門，才能修廣告文案寫作課程。廣告是行銷傳播的一門分支學科，因此修行銷傳播等於是為接下來所有廣告課程鋪路，包括文案寫作。我不知道你對行銷、行銷傳播和廣告究竟了解多少，所以前幾章將為你來個速成基礎訓練。千萬別躁進！把本書從頭看到尾，將有助於你的學習大躍進。本書的章節彼此環環相扣，我堅信這樣的學習流程，對你通盤了解廣告文案很重要。因此，請將你的心思佇留

在這些精彩的想法與標題上久一點，我保證前面這幾章，幾乎和廣告文案實例一樣有趣！

首先，一切都和人有關

品牌廣告業務終究和人脫不了關係，我們雖稱他們為消費者，他們最主要還是有喜怒哀樂、七情六欲的血肉之軀，你對人越了解，你的廣告就越能展現效果。本書探討的原則都很直截了當，但這些原則訴求的對象卻不然。人多半複雜難懂、非理性而且衝動，所以每年都要花上數十億美元做消費者研究，試圖了解他們，但我們從來沒能參透消費者心理。就連消費者對於自己何以有此購買行為，常常也是一頭霧水。

好比研究告訴我們，將近 70% 消費者是憑衝動購物，換句話說，消費者無法解釋為何而買。這就是為什麼消費者成了我們在做品牌廣告時不可測的未知數，他們讓品牌廣告這項任務複雜難解，但也令人為之著迷。本書有助你了解品牌廣告是怎麼回事，不過對於品牌廣告訴求的消費大眾，我們恐怕永遠摸不透。

接著，聚焦你的目標市場

並非人人都是廣告訴求的對象。廣告需要特定目標，也就是所謂的目標市場。在掌握到誰是目標市場之前，你什麼文案都生不出來，因此若有人要你進行廣告宣傳，你該問的第一件事，不外乎「誰是目標市場」？你要是連這個問題的答案都霧

煞煞，注定只有失敗的份。

　　許多文案寫手，沒有將目標市場組成份子的資料輸入大腦，倒是不少廣告機構的內外部人員這麼做了，包括客戶、獨立研究公司、廣告公司的客戶企劃或客戶經理、獨立品牌機構等。知道目標市場實在太重要了，這是所有廣告文案的起點，指引你如何擘劃整個宣傳活動。這裡有個說明緣由的簡單例子——假設你負責宣傳百事可樂（Pepsi）旗下的碳酸飲料 Mountain Dew，該品牌原本訴求的是 12 歲的兒童消費者，但現在你的訴求對象改成 40 歲的中年人。你也知道，12 歲與 40 歲的世代差距，讓這兩個族群幾乎沒什麼共通點，廣告操作手段也因此大不相同。

　　目標市場匯聚一群年齡、收入、教育程度、婚姻狀態、有無子女、子女數、居住地（你想要在加州還是阿拉斯加推出新款敞篷車）、族群（讓人想到廣大的拉丁裔／西班牙裔目標市場），甚至種族相近的人。拜網路發達之賜，行銷人員得以縮小目標市場的定義範圍，全因他們可利用 cookies 追蹤消費者的線上行為。或許有朝一日，人人都會收到完全為自己量身打造的廣告訊息，但到目前為止，那仍有很長一段路要走。在這個時候，為了創造能引起消費者共鳴的品牌訊息，我們必須針對消費者做目標市場分類。作為文案寫手，了解目標市場是你施展創意魔法最重要的第一步。

再來，回答關鍵問題：「我能從中得到什麼？」

　　每個人一看到各式各樣的廣告，都會這樣鄭重地問自己：「我能從中得到什麼？」（What's in it for me?）直接明快地回答這個問題，是你身為廣告創意人的職責。關於「我能從中得到什麼？」的疑問，消費者不會耗費心思去找答案，你必須把答案餵給他們，你的廣告得百分之百聚焦在回答這個重要問題。你沒有必要強行推銷答案，讓消費者不快，只是答案要清楚明瞭，如果模稜兩可的話，那就留不住消費者了。如果無法攏獲目標客群的注意，接下來就沒戲可唱，難以喚起他們的興趣，不能說服他們接受產品，更遑論達到操作目的。

　　為了體現這項重要原則，我把兩名學生叫到班上同學面前，讓他們面對面交談，然後我插入他們之間，開始滔滔不絕談起我的品牌，那便是廣告宣傳。消費者在追求他們的人生，而廣告老是試圖介入消費者和他們追尋的東西之間，這一點你最好永誌不忘——廣告總是將消費者追求人生幸福這等大事，用戲劇化的方式呈現。

　　「你在尋找愛情嗎？我們是交友網站 Matchmaker.com，能幫你找到真愛。」「你想在女人面前散發更多性感魅力嗎？我們是男性沐浴乳 Axe，能讓你在女人面前更性感。」諸如此類。你要記住，不是消費者在追求我們，而是我們追著他們跑。他們才不在乎我們是什麼牌子或推什麼廣告，要引起他們關注只有一個辦法，就是必須回應他們一見到廣告便會自問的問題：「我能從中得到什麼？」無論媒介為何，你廣告中的一切元素——視覺圖像、標題、正文、音樂、演員，都應以回答這個問題為依歸。

何處是廣告的用武之地？

假如我在會議上開始解說太陽繞行地球的原理，你會怎麼看待我？我大概猜得到你的回答——最好的情況是認為我獲得的資訊錯誤，最糟的情況則是把我看成不折不扣的笨蛋。同樣的道理也適用於企業的「太陽系」，知道事物適合什麼位置很重要，不容馬虎。學科的位階順序為何？主學科與分支學科彼此有何關聯，兩者之間誰主誰從？我們就從這裡開始說起。

所有企業不論類型或規模，一律包含三大學科：財務、製造／營運和行銷。本書不涉及前兩項，儘管它們確實會影響行銷，卻是截然不同的學科，需要另行研究，本書只關注行銷這方面。

行銷這門學科可再細分為若干分支學科，如果你上過行銷課，看到的分支學科清單可能和我的版本有所出入，但我認為下列這幾項關聯最大：

* 配銷
* 定價
* 折價活動（為取得策略優勢而短暫改變定價）
* 產品開發（包含開發新品牌和優化既有品牌）
* 包裝
* 包裝繪圖
* 行銷傳播

這些行銷的分支學科是行銷人員的利器，用以推銷各式品牌的產品和服務。此份清單我們只聚焦於最後一項工具——行銷

傳播（MARCOM），其餘六項就交給行銷學教授負責了。

這裡值得注意的是，行銷傳播顧名思義是附屬在傳播學之下，行銷人運用行銷傳播的手法，將產品觀點傳達給目標市場。我們不妨這麼想：行銷是「狗」，行銷傳播技巧是「尾巴」，尾巴從來不會搖狗，本末不該倒置。

行銷學之下有若干分支學科，行銷傳播亦如是。我的清單又再次與他人略有出入了，但下列九項對我而言是最密切相關的：

- 公共關係
- 直接回應〔直郵廣告（DM）；直接回應廣告，例如購物節目〕
- 宣傳活動
- 促銷（競賽、遊戲、賭金、免費商品，包括線上和線下）
- 宣傳品（小冊子、銷售單、產品說明書）
- 互動式行銷（網路可應用於兩方面：一是雙向互動體驗，這在社群媒體、部落格、論壇及網站最為明顯；另一是作為廣告媒介，目標市場被動接收廣告訊息，不尋求、不冀求、不期待目標客群的反應或與他們互動）
- 貿易展
- 品牌置入（不著痕跡地將品牌融入電影、電視節目、電玩遊戲）
- 廣告（以報紙、雜誌、廣播、電視、電影、戶外、網路為媒介）

以上這九項行銷傳播技巧或媒介，本書僅關注廣告這一項。但我們要如何區分廣告與其他八項技巧呢？我們又怎麼知道這是廣告，而非其他八項行銷傳播技巧之一？我想這樣定義應該很清楚：**廣告是說服傳播（persuasive communication），是由可辨識的廣告主（identified sponsor）付費的媒體。**

因此，要成為名副其實的廣告必須符合三大標準：

1. 說服傳播
2. 付費媒體
3. 可辨識的廣告主

倘若你在思索的分支學科不包含上述三大標準，那就不是廣告，想必是其他行銷傳播分支學科之一。

這個區別很重要，畢竟本書談的是廣告文案寫作（advertising copywriting），而非其他行銷傳播分支學科的文案寫作，畢竟其他行銷傳播分支學科也會用到文案寫作。你或許在其他行銷傳播分支學科中，有很長且成功的文案寫作資歷，但本書我們著重的依然是廣告文案寫作。

正如上述的第二大標準所言，廣告與其他行銷傳播分支學科的一大區別是，廣告總是經由媒體散播。運用媒體手法可將廣告訊息傳遞給目標市場。你會學到如何替五花八門的媒體寫廣告文案，包括平面媒體（雜誌和報紙）、電視（無線和有線）、電影（電影院廣告）、廣播、戶外廣告（戶外看板、交通廣告、機場廣告等）以及網路。

如我先前所提，網路身兼兩種任務。它一方面是媒體，藉

由橫幅廣告、跳出式廣告、YouTube 的前置式廣告（pre-rolls）等等來傳遞廣告訊息，對目標市場做單向溝通，目標客群只是被動接收，就這方面來看，網路與電視、電影、廣播、印刷、戶外廣告等其他媒體沒什麼兩樣。

但是，網路有別於其他媒體之處，就在它還肩負另一項職責，就是進行互動式溝通，不是單向而是雙向溝通，換言之，我們鼓勵並期待目標市場給我們回應。網路充作互動式行銷傳播的平台，最好的例子就是 YouTube、臉書（Facebook）、推特（Twitter）、照片分享網站 Instagram、網路剪貼簿 Pinterest、微網誌 Tumblr 等社群媒體，此外還有部落格、論壇、網站，確實有數千個網站向目標客群招手，鼓勵他們進行雙向交流。

企業與品牌利用網路自我推銷，簡直就像在做數位公關，他們試圖在網路上替自己的公司或品牌創造正面口碑。總歸一句話，身為廣告文案撰寫人的你，知道何處是適合自己大顯身手的舞台很重要。有九大行銷傳播技巧，供行銷人用以向他們的目標市場傳達訊息，而廣告只是其中之一，要時時記住這點。行銷人會在同一宣傳活動場合，運用好幾種行銷傳播技巧，這其實見怪不怪，此種情況稱為整合行銷傳播（Integrated Marketing Communications，IMC）。在這樣的大場面，對廣告適用於何處了然於胸，將使你成為更出色的廣告文案寫手！

品牌的力量：掌控定價的生殺大權

品牌是廣告的衣食父母，廣告是品牌的化妝師，它們是一體的兩面，形影不離，少了彼此就無法生存下去——不過，究竟

何謂品牌？

要是我拿一台白牌筆記型電腦展示在你面前，你會作何感想？或許你會腦中一片空白，因為它對你來說是個「陌生人」。如果我在筆電上放了蘋果標誌，這時候你又怎麼想？想必會有大量的想像畫面湧入腦海，只要你是蘋果愛用者，就會把這台筆電當成「朋友」，這正是品牌的力量。

成功的品牌會將一個你備感陌生的產品，變成你的好朋友——所謂朋友就是你已經和它產生固定關係的對象。品牌變成我們生活中的一部分，它們成了我們的麻吉，甚至是家中的一份子，但，到底品牌是什麼？

品牌是賦予無商標產品（generic product）「名字」和「長相」的過程，你不妨想成是替一位無名氏取名字，還要幫他打理門面。想想你最鍾愛的品牌：品牌的「名字」是開特力（Gatorade）、可口可樂（Coca-Cola）、契瑞歐（Cheerios），而包裝、包裝圖案、標誌、顏色就是它們的「長相」。

不過，企業為何要自找麻煩，不惜砸大把銀子在經營品牌上頭？一言以蔽之，不就是為了一個錢字？品牌是公司最寶貴的資產。通用磨坊（General Mills）若是沒了契瑞歐會怎樣？只會是一間默默無聞的穀物公司。寶鹼（Proctor & Gamble）旗下要是少了 Ivory 和 Irish Spring 這兩個品牌又如何？不過是另一家名不經傳的香皂商。

企業品牌的重要性不言而喻，因為它建立商品的獨特性，讓平凡無奇的東西變得獨一無二。商品受市場供需擺布，因此由市場決定價格，品牌則不然。當企業將商品轉化成品牌，諸如契瑞歐、Ivory、Irish Spring，便是由這些品牌在控制定

價。所以，普通的起司成為卡夫起司通心麵（Kraft Macaroni & Cheese）就不同凡響，不起眼的香蕉貼上蔬果供應商 Dole 的標籤就身價非凡，只要是出自高樂氏（Clorox）這個牌子的漂白水就是品質保證。

品牌化行動給了企業掌控定價的生殺大權，同時提升那些品牌在消費者心目中的價值感，基於這兩項因素，消費者總是得為了某某品牌，從腰包多掏出點銀子，那意味擁有品牌的企業肯定大發利市。

品牌化能提高獲利，是因為消費者享有品牌的產品及服務，花費始終比無品牌和不打廣告的商店品牌（store brand，或稱作自有品牌）來得高。品牌化的商品具有溢價定價（premium pricing）優勢，事實上商品首重品牌的原因無它，就是為了達到溢價，那終歸是品牌化的整體重心。

從路人變家人，從冷漠變深愛的品牌廣告

品牌對廣告至關重要，商品若是沒有長相且沒有名字，就難以做成廣告。一旦品牌有了長相和名字，品牌廣告便可賦予品牌個性，讓品牌從聞所未聞的「陌生人」，蛻變成你熟悉的「好朋友」。品牌可能有數百種個性，溫和、強硬、風趣或嚴肅，全靠品牌廣告形塑出來。

每年有數十億又數十億的大筆預算砸在品牌廣告上，為什麼要花這麼多的錢？企業經不起消費者遺忘他們品牌的打擊──這就是答案。我們再次拿人做類比：有位朋友與你好一陣子不見，你便會忘記他對你的重要性，品牌也是如此。一旦

某位「品牌朋友」杳無音訊，你可能就會忘了它們，然後另結新歡。或者你會開始買不打廣告的自有品牌，好比沃爾瑪（Walmart）的 Great Value，既然這類品牌少了溢價定價的優勢，你自然可省下不少錢。你越是將品牌與人等同視之，就越了解如何替品牌做廣告宣傳。

品牌和人一樣，會付出愛也需要愛。

品牌對消費者付出愛，我知道這聽來很滑稽可笑，但卻是千真萬確。品牌融入我們生命、情感與記憶最深處，對我們大多數人來說，這種依附關係從孩提時代便開始了。我們的父母、祖父母、手足、朋友將品牌傳遞給我們，當我們疲憊、沮喪、寂寞的時候，品牌發揮撫慰我們的作用，讓我們憶起家人、朋友和已逝的愛人。品牌成了我們生活中不可或缺的一部分，它們的的確確留存在我們內心。

當你愛著一個人，便會心甘情願為那個人做任何事，對於你不愛的人則吝於付出。同樣的道理可套用在品牌上，當我們愛上某品牌及其為我們召喚的回憶時，便甘願付額外費用把該品牌留在我們生活中。品牌成為我們的家人，家人的價值絕非金錢所能衡量。

文字的背後操縱：改變不了現實，就改變感覺

這裡舉的是我個人的親身例子。卜斯特金色爽脆（Post Golden Crisp）穀片與該品牌的吉祥物蜜糖熊（Sugar Bear），對我來說就像家人。我愛蜜糖熊，對我而言那不單單是早餐穀片，還蘊含滿滿的愛，讓我憶起我的母親及我們住的老公寓，它喚起

所有美妙的回憶，想起當時我還年輕，受到呵護寵愛，是多麼幸福快樂。

當然，我可以選購德國連鎖平價超市 Aldi 的膨化小麥穀物（puffed-wheat cereal），只要 1.49 美元，但我寧可花 4.49 美元買蜜糖熊，你可知原因何在？因為蜜糖熊不只是早餐穀片，而是家裡的一份子，它喚起我心中美麗的記憶，給我滿滿的愛。多花 3 美元就能換來愛，居然有這麼划算的事，叫我天天付錢也不成問題。想必你也會這麼做，畢竟你有自己鍾情的品牌，就如同我愛蜜糖熊一樣。

人人心目中都有自己屬意的品牌，這些品牌給我們愛，安撫並取悅我們，沒有道理可循。品牌訴諸我們的原始本能，驅使我們頻頻回頭光顧。我們以實際購買行動回報品牌的愛，即便它們常是那個產品類別中最貴的。這正中業者下懷，當你愛上他們的品牌後，便會心甘情願為了它多掏點錢。

其實，卜斯特從未讓旗下金色爽脆穀片的價值，比 Aldi 超市的膨化小麥穀物多出 3 美元，但透過品牌廣告的運作，會讓你感覺並認定金色爽脆穀片值這個價錢。這多虧消費者的感知能力，而這正是我們的職責所在——從事感知事務（perception business）。因為無法操控現實，我們不在乎現實，我們唯一能操縱的是消費者感覺。我們從事的並非現實事務，而是感知事務，在後者什麼都有可能發生。

本書將告訴你如何從品牌化開始，讓文字發揮操縱力量，然後持續發展成策略，最後讓文案誕生。品牌畢竟不是活生生的人，它們是無生命的物體，因此品牌化是經過巧妙操縱而成。只要我們一直讓消費者想著並感受到品牌的存在，品牌就能持續替

母公司賺取鉅額利潤。

　　身為廣告文案撰寫人的你，是操縱過程中不可缺少的要角，你不僅得安於這份工作，還必須熱愛它。操縱對當代美國消費主義而言有其必要，因為大多數品牌是消費者不需要也不想要，而且部分對他們確實有害（例如速食、晶片、汽水、有毒的家用清潔劑等）。從事廣告文案寫作的你（你的藝術總監夥伴也要算上一份），是將品牌變得有血有肉的魔術師，本書將向你展示如何施展那種魔法。

從軍文宣到消費主義的廣告策略

不只口臭,更是事業、愛情、人生的劊子手

約莫在 1914 年之前,根本沒有品牌可言,產品都是整批出售。消費者買的是燕麥片,不是桂格燕麥(Quaker Oats)的燕麥片;他們拿肥皂洗滌,而非象牙肥皂(Ivory Soap);他們用洗衣精洗衣服,而不是汰漬(Tide)洗衣精。在過去,這些產品充其量只是商品,我們感受不到這些商品彼此間有何差異,所以總能用最低的價錢買到手,這類商品沒有名字、沒有長相、沒有個性。

有機超市 Whole Foods 有條專賣散裝貨的走道,你可以採購葡萄乾、椰棗、燕麥、什錦果麥及其他數不清的散裝品項。你覺得這些散裝貨怎麼樣?果然,你沒什麼感想。這類散裝貨既沒讓你憶起家人朋友,也未喚起美好的時光和回憶,它們只是能填飽肚子的食糧,僅此而已。

然而時至 1914 年,亦即第一次世界大戰在歐洲爆發的那年,戲劇化的轉變開始影響美國消費主義。國家處於變動之際,

29

我們消費產品與服務的方式也開始隨之轉變，宣告現代美國消費主義時代來臨，品牌廣告也由此誕生。

大量生產（mass production）、大量行銷（mass marketing）和大眾傳播（mass communications）在此非常時期引發巨變，這三股力量雖各自為政，卻也互有關聯。

首先要談的是大量生產，這可回溯到 1830 年代發源於英格蘭的工業革命，不久後風潮蔓延至全英國。如今產品不再靠手工一件一件製作，取而代之的是大型工廠的自動化機器大量生產，工廠全天候都有員工輪班駐守。

大量生產的好處在於產品製作成本低廉又快速，但就是太有效率，以致消費者需求疲軟。接著令我們困惑不解的第二部分——大量行銷與配銷，也開始有了眉目。到了 1900 年代初期，國家已有綿密的鐵路網覆蓋，而今拜鐵路運輸之賜，將所有大量生產的產品廣為行銷並配銷到全國各地，不再只是空談。

讓我們深感納悶的最後一部分是大眾傳播，1900 年代初期，已有數千種報紙發行全國，但全是地方報。既然企業有大量生產及大量行銷（配銷）的能耐，它們需要同樣寬廣的管道來宣傳產品，而非局限於地方性管道，解決之道就是透過全國性雜誌。我列舉部分全國性刊物，包括早期的《哈潑》（Harper's）、《柯立爾》（Collier's）、《周六晚間郵報》（Saturday Evening Post），以及之後的《生活》（LIFE）、《妙管家》（Good Housekeeping）和其他數百種刊物。

現在疑惑完全解開：企業大量生產產品，再經由鐵路大量配銷，最後透過全國性雜誌廣為宣傳，這全在 1914 年第一次世界大戰爆發時發生。1917 年美國總統湯瑪斯・伍德羅・威爾遜

（Thomas Woodrow Wilson）鼓吹美國加入一次大戰當時，作為他宣傳機器的大眾傳播基礎設施已準備就緒。

比鼓吹消費更艱鉅的挑戰：用文字讓人從軍！

歷史學家喬舒亞・蔡茨（Joshua Zeitz）在其所著的《摩登女》（*Flapper*）一書中，勾勒出一次大戰期間，廣告開路先鋒是如何學習並精進他們的操縱技巧。他寫到很多廣告業先驅從戰爭宣傳汲取經驗，布魯斯・巴頓（Bruce Barton）是其中最具代表性的人物，他是黃禾廣告公司（BBDO）四位創辦元老之一，黃禾廣告迄今仍是屹立不搖的廣告龍頭，巴頓夥同其他「操縱者」善盡他們的工作職責。

如蔡茨所述，美國總統威爾遜1916年競選總統時，拍胸脯保證會讓美國置身事外，絕不捲入歐洲戰事。但1917年威爾遜向德國與奧匈帝國宣戰後，他隨即陷入自打嘴巴的尷尬處境，必須創造非發動這場戰爭不可的需求。事實上，歐洲移民多是為了躲避戰火，才離鄉背井來到美國。

威爾遜政府求助像巴頓這樣的人，開創前所未有的需求，結果這些操縱高手不負所託，漂亮地完成任務，將一場令大眾反感且被視為不必要的戰爭，轉化成美國的生存保衛戰，而這全是精心操縱的成果。二次世界大戰時，美國的生存與生活方式面臨危急關頭，但在一次大戰完全不是這麼回事，操縱高手卻說服全國上下相信，開戰確實有其必要。

當時德裔美國人是最大族群，歷史上美國對抗的往往是英格蘭而非德國；何況有別於二次大戰時期的納粹，一次大戰的德

國人無須為戰爭負責，罪魁禍首是英國、俄國、法國、奧匈帝國等其他歐洲強權。因此，美國輿論普遍認為，沒有與德國兵戎相見的道理，美國人還很自豪沒有淌歐洲戰爭的這灘渾水。既然威爾遜政府欠缺與德國交戰的正當理由，只得訴諸感性，政治宣傳也就應運而生。

這些廣告高手的首要之務，乃是回應每個美國人不禁要問的問題：「我們幹嘛要打德國？」照蔡茨的說法，他們給的答案是做出感性而非理性訴求。他們必須將德國人妖魔化，將其當成次等人類，攻打德國是因為德國人「野蠻」。他們主要訴諸美國人內心最為感性的一面，觸及與美國人生活息息相關的公共權利。

同樣不容忽視的一點是，他們將訴求的主張視覺化（圖1到圖6）。畢竟「圖像勝過千言萬語」會流傳千古不是沒有道理，這句諺語千真萬確，用圖片說故事的效果更勝於文字敘述，巴頓這類宣傳人才正是用此方法，爭取大眾對戰爭的支持：別說我們的孩子有多危險，只要給我們看德國士兵是如何拿刺刀驅趕我們的孩子；別說我們的婦女有多危險，只要給我們看猩猩般的德國士兵，是如何把我們的成年女子擄到牠的巢穴。政府為籌措戰爭經費，巧立名目發行「自由債券」（Liberty Bonds）向國民借錢，券面上印有高聳矗立的自由女神像。想想海報是怎麼巧妙地操縱閱聽者心理：「爹地，一次世界大戰時你在做什麼？」這幅圖像直搗閱聽者內心最深處，相形之下，文字只是軟弱無力的隔靴搔癢。

以我們現今的眼光來看，這些技巧實在滑稽可笑，但對那個時代的美國人來說，如此帶來強力震撼的意象卻很新鮮，而且

激勵人心。一百萬美國大兵在歐洲浴血奮戰，趁著戰爭倒向同盟國這一方的有利情勢，擊敗德國與奧匈帝國。在這個過程中，巴頓和他的同僚創造出一條新的金科玉律，利用圖像操縱我們最基本的情感層面，而這正是今日我們所稱的品牌廣告。

戰後的消費主義時代：
把不需要、不想要變成需要又想要

　　如蔡茨所言，想像現在是 1919 年，戰爭宣告勝利，曾經意氣風發贏得民心支持的操縱者，如今卻功成身退面臨失業，該怎麼辦呢？何不將他們在宣傳戰爭期間學到的操縱技巧，毫不保留地應用在行銷品牌上？

　　正如巴頓和他的夥伴曾經替政府服務，現在他們也可為美國企業效命，現代美國消費主義於焉誕生。利用他們在戰爭期間所學的技巧，這些廣告開路先鋒化身為綜合廣告代理商，帶頭衝鋒陷陣。

　　一次世界大戰之前，廣告代理商是媒體經紀人，媒合媒體賣方（報紙雜誌）和媒體買方（企業及其品牌）。一次大戰之後，廣告代理商的發展不止於此，它們運用創辦人在戰爭期間學到的技巧，開始創作媒體廣告。巴頓和夥伴在一次大戰期間激起閱聽者內心極度的恐懼，戰後他們故技重施，為的是向消費者推銷品牌。正如以視覺挑動社會大眾內心情感的操作手法，是宣傳戰爭的關鍵，訴諸消費者心理對推銷品牌同等重要，但這些品牌大部分他們既不需要、也不想要，而且通常對他們沒什麼好處。若非如此，廣告操縱者也派不上用場，會讓他們英雄無用武之地。

1900 年代初期，美國是個畏神、節儉、以鄉村小鎮為主的農業社會，戰後逐漸演變成我們今日所知的美國——世俗化、負債累累、以城市為中心、工業化乃至今日的數位化。

約於 1919 年，美國最大企業開始發現品牌的力量。例如通用磨坊很快察覺到，比起以商品價格出售一般穀物，推出契瑞歐這個品牌更能保證獲利。通用磨坊、寶鹼、桂格燕麥及許許多多其他公司都體認到，一個有名字、長相、個性的品牌，能造就一批死忠顧客，贏得消費者青睞，還有滋生愛意——正是如此。

消費者心想，這些新品牌有別於其他同類型產品，最重要的是比他牌更好，所以認為多花點錢購買乃天經地義，而今這個觀念已根深蒂固。如你所知，品牌與品牌廣告的關係密不可分，兩者缺一不可。企業打造品牌，現在得靠巴頓等廣告先鋒賦予品牌生動鮮明的個性，將他們在一次大戰期間鼓吹非戰不可的技巧如法炮製。他們訴諸視覺圖像，激起消費者最原始的情感，接著透過全國性雜誌這個媒介，將訴求散播到全國各地，這種新型態的傳播方式即為「大眾傳播」。

美國大眾準備好了，戰爭將美國從 19 世紀的睡夢中震醒，推向 20 世紀。人口開始自農村小鎮向外遷徙，大都市是他們安身立命的目的地。離鄉背井的年輕人把許多從父母那兒傳承的價值拋諸腦後，以消費取代節儉，以雞尾酒派對取代教堂。美國人越來越傾向從品牌中找尋幸福，這些品牌掛保證會讓他們水噹噹、散發性魅力，帶給他們舒適精緻的生活等等。他們厭倦戰爭，不耐鄉下生活，再也無法安於充滿道德束縛又清苦的貧乏人生。他們已經準備好參加狂歡派對！

在酗酒、新道德規範、女性自我解放的推波助瀾下，爵士時代誕生。女性是廣告操縱者的頭號目標，怎麼說她們都是家中的主要採買者，而今專為其量身打造的全新誘人產品，便朝她們席捲而來，各家品牌承諾會讓這些婆婆媽媽更美麗、更時尚，生活得比以往更自在。

蔡茨在其所著的《摩登女》中做了這樣的解釋：諸如巴頓之類的廣告先鋒，深諳如何引燃宣傳攻勢，他們在戰爭期間學到一點，**那就是要賣的不是產品（戰爭），而是產品帶來的益處（得以延續美國的自由生活）**。所以，如果說投資戰爭的好處是維護我們的自由，那購買桂格燕麥這個牌子的好處，便是幫我們維持健康活力。

擁有一輛新車的好處不在車子本身，而是有美人站在車旁相伴，這種香車美人的畫面現在保證可以實現。蔡茨引述巴頓對操縱所做的完美總結：「沒有想像力，就沒有欲求。」（Without imagination, no wants.）[1] 巴頓及其他操縱者敦促消費者忘掉儲蓄這檔事，開始消費。消費成了新宗教。

關於這一點，根據巴頓當時的暢銷著作《無人知曉之人》（*The Man Nobody Knows*），想必耶穌也會衷心同意[2]。說到底，耶穌不就是終極業務員嗎？操縱者打算說服消費者相信，耶穌要他們消費、消費再消費，只要他們照著做，就會更快活、更性感、更富有、備受寵愛讚賞，快樂喜悅也隨之而來。不需要等待天堂，人間就是天堂，更棒的是，連耶穌都承認！

---

1 喬舒亞・蔡茨（Joshua Zeitz），《摩登女》（*Flapper*），New York: Three Rivers Press, 2006, 177.

2 喬舒亞・蔡茨（Joshua Zeitz），《摩登女》（*Flapper*），New York: Three Rivers Press, 2006, 174, 182-183, 197-199, 201-205.

販賣恐懼：
不只口臭，更是事業、愛情、人生的劊子手

　　廣告先鋒將焦點從宣傳戰爭移轉到行銷品牌時，重新訴諸對他們來說很有用的原始情緒——恐懼。一次大戰期間，他們一句「德國威脅美國的自由生活」，便令美國大眾惶惶不安；行銷品牌時，又激起美國人各式各樣的恐懼——他們現在的樣子令人難以接受，亟需改進。他們不是太胖、太瘦、太嫩、太老，就是太窮、太不起眼、太土里土氣，不過好消息是只要他們肯消費，就能克服所有缺點。

　　蔡茨特別點出早期有兩項廣告宣傳，正是善加利用人類最原始的恐懼，其中一項深植消費者心中的恐懼，便是擔心自己有口臭。當時消費者從未聽過口臭（halitosis）這個醫學專有名詞，或許你也不例外，這個詞指的是呼出難聞的氣味。一個人帶有口臭的機率很高，那是因為我們聞不到自己口中發出的異味，這引起消費者不安，擔心他們有口臭而不自知。那該怎麼辦？

　　品牌廣告有一特點，就是一旦你製造出一個問題（例如口臭），就要立馬尋求品牌的協助來解決，這裡的品牌指的是李施德霖（Listerine）。李施德霖上市多年，本是用來消毒水槽、桌子、浴室等的局部殺菌劑，有人靈機一動將李施德霖的殺菌技術擴大應用。廣告把李施德霖設定成可以消滅「潛伏」在口腔中引發口臭的細菌。只是將品牌承諾做個調整，從原先的殺死口腔外部細菌，改成可消滅口腔內部細菌，時至今日依然創造數十億美元的營收流。

　　李施德霖在首批雜誌廣告中，利用充滿感性的視覺圖像，植入我們人人皆有口臭的恐懼。其中一幅廣告顯示，一位衣冠楚楚的俊俏男士欲親吻一名女士，但她卻別過頭去，原來是口臭搞的鬼！不過別擔心，李施德霖在這裡。只要一天用李施德霖漱口二次，保證你的口氣清新，絕不再讓人退避三舍。廣告操縱者讓李施德霖從死氣沉沉的產品，搖身一變成為社交、愛情、事業成功的推手，這要歸功於李施德霖的品牌承諾，讓消費者受惠。

　　早期品牌廣告運用的技巧大多如出一轍：建立問題，然後寄望品牌能解決它，這再次從 Ban 止汗劑獲得印證。蔡茨解釋，1900 年代初期，人人身上都會散發異味，當時尚未發明淋浴是原因之一，此外洗澡這檔事麻煩又耗時，幾乎沒人會天天沐浴，甚至一個禮拜洗不到一次，因此就和呼吸一樣，聞到體臭也是現實生活的一部分。那麼，該輪到廣告操縱者上場了。

　　早先的體香劑只是以香味掩蓋體臭，效果還比不上每天用香皂洗澡，但我說過，洗澡太花時間，所以有人走捷徑，提供簡易的方法來戰勝體臭，那就是將體香劑抹於腋下。腋下確實多汗，但全身許多部位皆然，要解決這個困擾沒那麼容易，所以專挑腋下來對付，Ban 止汗劑就此誕生。廣告操縱者創造出有口臭的惡魔，讓李施德霖給宰了；現在又創造另一個有體臭的惡魔，供 Ban 止汗劑消滅。

　　別再遲疑，恐懼正形成另一數百萬美元的營收流。

享受廣告操縱的技巧：
讓消費者永遠對自己不滿意

　　行銷人員及他們聘用的廣告操縱者握有很大的特權，可以讓消費者對自己不滿意。何以如此？還不是因為只要消費者自我嫌棄，就會一再購買那些承諾讓他們自我滿意的品牌，而且標榜輕鬆、迅速又便宜。

　　想變得更苗條、更性感、更聰明、更年輕的途徑再清楚不過，就是消費購物，我們都愛它。不過，別把消費者看得太天真，廣告操縱之所以奏效，在於它給了我們想要的答案，而且輕鬆、迅速又實惠。要我們承認人生少了浪漫愛情是因為我們自私自利，實在是強人所難，想要改變又相當耗時費力；但把我們的缺陷歸咎到有口臭和體臭，反倒簡單多了，這樣我們三兩下就能輕鬆搞定。

　　消費者的不安感幾乎是所有品牌訴求的重心，這讓我們想起化妝品。在 1900 年代初期，只有女演員與性工作者會在臉上塗胭脂水粉，拜廣告操縱者所賜，這種情況到了 1920 年代初期開始有了轉變。試問，今日有多少女人敢素著一張臉出門？我對班上的女性做過調查，答案始終如一——幾乎沒人敢用素顏示人，她們必須用妝容才能面對全世界。為什麼非化妝不可？還不是多年來化妝品廣告喚起她們的恐懼，讓她們認為真面目太沒吸引力，實在不討人喜歡，不化妝只怕人見人嫌。

　　李施德霖及 Ban 止汗劑這二個早期的例子，印證了品牌與品牌廣告相輔相成帶來的驚人效果。兩者亟需彼此方能成功，它們是一體兩面，密不可分。操縱是所有品牌廣告的關鍵要素，凡

能欣然接納並享受廣告固有的操縱目的，才可將廣告做得盡善盡美。倘若大舉操縱消費者的行為讓你覺得「齷齪」，廣告工作恐怕不適合你。如我前面所說，廣告宣傳的品牌我們大多不需要、不想要，對我們也沒什麼好處。因此，操縱我們消費大眾的想法與內心，便成了傑出廣告的必要元素。如果你心中容不下操縱這檔事，廣告恐怕無法在你的人生中占有一席之地。

那麼，要如何成為廣告操縱的一員？請繼續看下去。

讓品牌（看起來）獨樹一格的三大策略

含有八大營養素的白吐司（其實其他吐司也有！）

　　廣告只是眾多行銷傳播類型的其中之一，所有的行銷傳播皆按照策略執行，那也是電視廣告、平面廣告、戶外看板、橫幅廣告等等被稱作執行面的原因，所有形式廣告的任務，無非是執行行銷策略。既然我要寫這本書，就得從策略談起，畢竟那是操縱的源頭。本書的野心，便是透過文案，將操縱的效果延伸到實體廣告上。

　　廣告策略通常是一種通力合作的過程，客戶和廣告公司內的客戶企劃（Account Planner，AP）、客戶經理（Account Manager，AM）、創意總監（Creative Director，CD）都參與其中。每家綜合廣告代理商包含以下功能或訓練：客戶企劃／研究、客戶管理、創意及媒體企劃。在電視、廣播、網路買時段，還有在雜誌、報紙、網站買版面，正是媒體企劃的實際作業程序。

　　可別把客戶企劃與客戶經理搞混了，客戶經理的主要職責是聯繫客戶，並充當廣告機構中的核心角色（hub of the

wheel）。廣告機構所有人員也會在客戶經理領導團隊時，繞著這個人打轉。團隊中每位成員與客戶經理共事合作，但未必是替客戶經理賣命。

客戶企劃的主要任務，是擔任廣告機構研究部門與創意團隊之間的橋樑，合力處理客戶的委託。廣告機構與客戶等針對產品類型（例如牙膏）和品牌（例如 Crest）所做的相關研究，客戶企劃須加以分析闡明，提出符合行銷傳播目標的策略手法。客戶企劃過程的最高潮，就是進行創意簡報（creative brief），這個簡報形同對創意團隊下達命令，也是創意團隊執行策略時務必遵守的指導方針。

除此之外，實體廣告如何執行，則操之在創意人員手中，一旦客戶企劃將廣告案交到創意人員手裡，他們就要負責為廣告策略注入活力。在那之前，廣告策略就像法蘭肯斯坦博士（Dr. Frankenstein）創造的那個家喻戶曉怪物「科學怪人」一樣——死了，需要靠激勵人心的創意恢復生機，創意會動用幽默、悲情、戲劇化、出其不意、特殊效果及其他一切必要手段。執行這些創意，能使消費者與品牌有所連結，將品牌擬人化。請謹記，最好將品牌當成有血有肉的人，你越是把品牌當人看待，便越有機會說服你的目標市場，並加以操縱對方。

廣告策略一：找到你的獨特銷售主張

獨特銷售主張（Unique Selling Proposition，USP），係廣告大師羅瑟‧雷夫（Rosser Reeves）在 1961 年出版的劃時代鉅作《實效的廣告》（*Reality in Advertising*）中樹立的理論。雷夫是廣告業

的思想巨擘，USP 也已成了業界的思想核心，若是你鄭重看待自己的廣告生涯，我建議你讀讀這本書，而且每年要拿出來重溫一遍。該書已經絕版，慶幸的是現在有新版問世。

想必雷夫會這麼說：如果品牌在所屬的產品類別中沒有 USP，便無法在市場上生存。他這麼堅持這一點，是因為消費者看到任何一類廣告都會這樣問：「我能從中得到什麼？」優秀的廣告會給消費者滿意的答案。消費者這麼問時，幾乎有 99.9% 的機率都是「一無所獲」，他們接下來不是將雜誌翻頁、電視轉台，就是繼續上網瀏覽。**一旦品牌有 USP，就用 USP 來解決他們的疑惑。**

USP 對於它瞄準的消費群來說有難以抗拒的好處，這些獨特的賣點讓消費者無法視而不見，進而有下一步動作，就是掏錢購買該品牌。這一點至關重要，因為它讓廣告適得其所，有了用武之地。我在這裡的意思是：廣告的極致，就是讓他人知道品牌的存在。抓了個適當的媒體支出金額後，我們保證會讓消費者意識到品牌的 USP，確實做到這點後，廣告便能圓滿結束、功成身退，接下來就交給 USP 負責其餘的推銷工作。消費者先天就知道什麼對他們才是最好的，基於這番假設，雷夫覺得一旦 USP 經過適量的廣告宣傳，消費者就會埋單。

我們來舉個簡單的例子。假設市面上有一款癌症藥物 Bill's Cancer Pill，標榜有病治療、無病預防，我還需要勸大家買這種藥嗎？當然沒必要，我該做的是讓消費者知道有此產品存在，他們自然會上門光顧。為什麼？因為 Bill's Cancer Pill 的益處如此獨特又難以抗拒，無須我們在旁邊敲鑼打鼓，就能成功自我推銷。

Bill's Cancer Pill 好到不能再好，但其實壓根沒這玩意兒，或許以後也不會有，但它做了最好的示範，讓你了解雷夫為何堅持每個品牌都該有 USP。品牌擁有無庸置疑的優點就足以自我推銷，因此廣告（以及其他一切行銷傳播形式）只需扮演好告知消費者的角色，毋須費盡唇舌「勸敗」，也不必使出渾身解數討消費者歡心，更談不上操縱。我還需要指使每個人去買 Bill's Cancer Pill 嗎？當然沒這個必要，消費者自會蜂擁上門搶購，你少不了品牌的原因正是在此。

遺憾的是，Bill's Cancer Pill 只是個理想，而非供人依循的標準。我們離引人矚目的 USP 越遠，品牌暢銷的機會就越渺茫。現今品牌的 USP 大多沒什麼看頭甚至付之闕如，然而還是有例外，我們可從三大產品身上看到 USP，分別是蘋果公司的音樂播放器 iPod、智慧型手機 iPhone 和平板電腦 iPad。

從 iPod 到 iPad，蘋果獨樹一格的 USP

蘋果這三項招牌產品一問世時，就展示了引入入勝的 USP：它們具備獨一無二的特性，是其他同類型品牌所望塵莫及。回想這些產品的廣告，特別是第一代 iPhone，電視廣告只是簡單示範 iPhone 所有獨門特色，蘋果對幾年後推出的 iPad 也採同樣的宣傳模式，不妨上網找找這些介紹蘋果產品的廣告，重新喚起記憶。沒有必要費工夫去說服、勸進或操縱任何人購買iPhone 或 iPad，它們的 USP 就是這麼獨樹一幟，令人難以抗拒，品牌本身就是最強而有力的賣點，消費者一眼就看到這些品牌的優點，忍不住下手購買。

不過，在 iPhone 或 iPad 之前還有個 iPod，iPod 上市前，

索尼（Sony）的隨身聽 Walkman 是可攜式音樂天王。可惜 Walkman 有個重大缺點，就是將桌上型電腦的音樂檔變成可攜式之前，你得先把它們燒錄成光碟，再將光碟放入隨身聽內，iPod 省卻了所有步驟。消費者可以把音樂檔直接下載到他們的 iPod，走到哪、聽到哪。你瞧，這不就有了 USP？雷夫應該會為此相當激動。

iPod、iPhone 和 iPad 陸續誕生後，蘋果的傳統電腦幾乎被拋諸腦後。那 Walkman 的下場又是如何？答案你也知道，就是慘遭淘汰、走入歷史，連同索尼這個昔日在可攜式音樂產品類型中稱王的品牌，也成了明日黃花。iPod 問世已有十餘年，時至今日，在可攜式音樂市場的市占率仍高達 79%。iPod 這個戲劇化例子印證了，引人入勝的 USP 是如何讓平凡品牌搖身一變成為超級品牌，又是怎麼顛覆產品類別，讓它們持續不斷地改變。

麻煩的是，擁有強大 USP 的品牌寥寥無幾。因此雷夫很快理解到，如果他聽從自己的建議，只替具備 USP 的品牌做廣告，他本人很快就會失業，他旗下的廣告公司 Ted Bates 也恐怕要關門大吉。那該怎麼辦？

找出核心賣點。雷夫心知肚明，在同一產品類型中，很少有品牌具備能和其他產品做出區隔的獨門特色，於是他修正後提出了新的 USP 理論。大部分產品類型的品牌之間大同小異，這是無可奈何的現實，但雷夫的 USP 理論經過調整後，在現實世界中更能發揮作用，這稱作**「品牌等同度」**（brand parity）── **消費者會看到大部分產品類型的品牌之間大同小異，沒什麼差別。**

品牌想在現實世界成功打響名號，雷夫的看法是，若品牌

在自己身上找不到獨門特色，就該把自我包裝成獨一無二的樣子[3]。那要怎麼做呢？挑出品牌的主要優勢，將此優點宣傳成品牌的獨到之處，即便它根本算不上。

含有八大營養素的 Wonder Bread 白吐司，其實其他吐司也都有

雷夫宣傳過的烘焙品牌 Wonder Bread，正是實踐此策略理論的最佳範例。Wonder Bread 是地區性的切片白吐司品牌，雷夫替該品牌做廣告宣傳時，以「強身健體的八大法寶」為主打賣點，但所有白吐司品牌都不乏此優點。然而，砸了數百萬美元在媒體上大作廣告，狠狠替 Wonder Bread 宣傳這項優點之後，馬上讓消費者相信，唯有 Wonder Bread 能提供多達八種強身健體的營養素。此優點並非 Wonder Bread 專屬，但在白吐司這個產品類別中，除 Wonder Bread 之外沒有其他品牌敢如此標榜，就這層意義來看，該優點便成了此產品類別的獨到特色。

難道，其他白吐司品牌不能做同樣的主張嗎？當然可以，只不過它們的主張擺脫不了 Wonder Bread 的影子，做相同主張只會讓消費者想起 Wonder Bread，反而助長 Wonder Bread 的銷路。

雷夫 USP 策略的核心要點，已成了現代廣告的特色，也是最能左右他人的技巧之一，這或許看來不合法，其實不然。我們談到自己的品牌時沒有半點吹噓造假，我們也沒有法律義務去揭露某一產品類型的所有品牌，都做到了相同的事情。或許道德上

3　羅瑟・雷夫（Rosser Reeves），《實效的廣告》（*Reality in Advertising*），New York: Alfred A. Knopf, 1961, 46–48.

我們理應這麼做，不過現代廣告的精髓不講倫理道德那一套，而是運用像這樣的操縱技巧，**製造原本不存在的產品差異化假象。**這在先天上就不道德，但稱不上非法。就像我在本書其他章節說過的，倘若廣告操縱這檔事困擾著你，那你實在不適合吃廣告這行飯。

既然各家品牌的優越性或主張，大多是這樣操作而來，廣告商就必須確保獲選為宣傳重點的產品優勢或主張，對目標市場的消費者具有實質意義。此要求是雷夫 USP 策略理論的第三項、也是最後一項準則：**產品的優勢或主張，要能夠打動數百萬消費者。** 若不能打動數百萬消費者，此商業模式就無法成立。我們的產品主張擄獲的消費者不夠多，以致產品銷量不如預期，那就無法成功打響品牌。

以下是雷夫策略理論的三大準則，雷夫認為這些準則必須融入所有廣告宣傳活動當中[4]：

1. 針對有意購買某特定產品類型品牌的消費者，廣告一定要提出獨特銷售主張（USP，亦即訴求、好處承諾、品牌承諾）。

2. 此主張必須是品牌專屬或獨有（讓人再次想到 Bill's Cancer Pill、iPod、iPhone、iPad）。若是品牌無論怎麼看都沒什麼獨到之處，我們得替品牌選定一項主張（優點或訴求），將品牌的訴求包裝宣傳成獨一無二。這個雷夫理論的核心要點，在前面 Wonder Bread 的的例子闡

4　羅瑟・雷夫（Rosser Reeves），《實效的廣告》（*Reality in Advertising*），New York: Alfred A. Knopf, 1961, 55.

述過，而且屢見不鮮。

3. 我們替品牌宣揚的主張（優點或訴求）必須夠鏗鏘有力、引人矚目，足以打動數百萬消費者。

雷夫在寫這本《實效的廣告》之前，應用 USP 理論已將近 20 年，他還發表 USP 理論的論文，回應 1960 年代初期開始實務化的廣告。其實雷夫痛恨這麼做，甚至不把他的 USP 理論看成是廣告，他在個人著作中稱 USP 為「櫥窗裝飾」（window dressing）──將品牌呈現在消費者面前，但不明示該品牌對消費者有多大益處。很多廣告界人士大為讚許並稱為「創意革命」的東西，正是雷夫所厭惡的事物。廣告的崛起最常歸功於比爾・伯恩巴克（Bill Bernbach），以及他在 1960 年代初期創辦的恆美廣告公司（Doyle Dane Bernbach，DDB）。

諷刺的是，廣告代理商開始和雷夫的 USP 理論漸行漸遠的原因之一，與 USP 理論的第三大準則──產品主張必須打動數百萬消費者有關。1950 年代接近尾聲時，各產品類型的品牌主張，越來越難符合這個標準。換句話說，大部分產品類型的品牌主張都沒有「打動數百萬人的力量」，連雷夫自己都承認玩不下去。各產品類型的品牌間同質性太高，雷夫的 USP 理論起不了什麼作用，最終催生出第二種廣告策略理論──廣告定位。

廣告策略二：定位

美國探險家丹尼爾・布恩（Daniel Boone）1780 年左右進入一片未開墾的蠻荒地，這不是他第一次當開路先鋒，過去已有

多次類似壯舉。然而，當日布恩意外發現現今的 80 號洲際公路，他驚喜莫名，急忙奔回家告訴太太他的大發現。他要怎麼描述這個令人驚艷的新奇蹟？他應該用自己確實了解的事物，來描述這塊他全然陌生的新地域。

所以，如果我是布恩，和老婆的對話會是這樣進行的：「老婆，我發現一條路徑和以往見過的完全不同，筆直得像箭頭一樣，一路延伸到地平線。這條路乍看滿是黑色汙泥，但我靠近觸摸後，又感覺硬得像岩石。更不可思議的是，有汽車在這條路上奔馳，速度快到一眨眼就消失不見！」

箭頭或岩石等字眼都說明了我的觀點，亦即**我們都該用自己熟悉和確實了解的措辭，來描述我們不熟悉與不了解的事物，那就是定位的整體概念。為讓消費者對陌生的品牌有充分了解，我們在談論那些品牌時，必須涉及他們熟悉的牌子。**

若說 USP 理論關乎品牌的實際特點，品牌定位主要和我們內心對品牌的感受有關。所謂品牌在我們心中的定位，指的是特定產品類型中，某品牌與其他品牌比較的結果。在我們心中，每一產品類型的品牌都有啄食順序（pecking order）。

品牌定位早在 1960 年代中就實行，艾爾・賴茲（Al Ries）與傑克・屈特（Jack Trout）直到 1970 年代初才在《廣告時代》（*Ad Age*）發表關於定位的文章，兩人接著於 1980 年出版《定位：在眾聲喧嘩的市場裡，進駐消費者心靈的最佳方法》（*Positioning: The Battle For Your Mind*）。廣告代理商本能地搶先替產品作定位，這在廣告界司空見慣，那種日常工作是出於直覺且仰仗經驗的，靠的是膽量與勇氣，而非經過大腦審慎思考。

當產品類型中有著主宰市場的品牌，定位策略便能發揮最

大效果，也就是該主宰市場的品牌幾乎已成為該產品類型的代名詞。按市占率來看，領導品牌在整個產品類型的銷售量占比通常多達 70%。產品類型幾乎總是靠這些主宰市場的「八百磅大猩猩」（800-pound-gorilla）[5] 品牌建立起來，賴茲與屈特妙稱這些巨無霸級領導品牌是「以多取勝的龍頭」（the firstest with the mostest）[6]。

不過，重點是要一馬當先，維持在消費者心中的龍頭地位，而這唯有在品牌持續給消費者「最多」的情形下方可達成。因此，能否靠品牌精益求精或發展副牌來持續獨占鰲頭，正是領導品牌面臨的挑戰。

品牌在所屬的產品類型中具主宰優勢，最好的例子包括咖啡中的星巴克（Starbucks）、MP3 播放器中的 iPod、阿斯匹靈中的拜耳（Bayer）。那第二品牌和第三品牌這類追隨者的發展空間又在哪裡？答案是：無處發展，問題出在一提到某產品類型，消費者只會想到最先打進市場的優勢品牌。

因此，特定產品類型的後進品牌想要進駐消費者心裡，唯一方法便是在推銷時搭上優勢品牌，照著布恩的做法，用自己熟悉的字眼來描述陌生的事物。**如果你是某產品優勢領導品牌的追隨者，消費者唯一想知道的是：你會給他們什麼領導品牌不能給、也不會給的東西？**

5　艾爾‧賴茲（Al Ries）、傑克‧屈特（Jack Trout），《定位：在眾聲喧嘩的市場裡，進駐消費者心靈的最佳方法》（*Positioning: The Battle For Your Mind*），臉譜出版，2011 年。

6　艾爾‧賴茲（Al Ries）、傑克‧屈特（Jack Trout），《定位：在眾聲喧嘩的市場裡，進駐消費者心靈的最佳方法》（*Positioning: The Battle For Your Mind*），臉譜出版，2011 年。

安維斯租車：我們就是第二，但是我們更賣力！

第一個引起矚目的定位宣傳活動出自安維斯租車（Avis），這家汽車租賃業者喊出「我們是老二」（We're #2）的口號自我宣傳。我在前面提過，定位講求的是品牌在我們心中的啄食順序。安維斯公司的例子充分闡明此項原則，也著實印證在這類產品類型中，替後進品牌找到定位的策略，才是最有效的。

賴茲與屈特寫道，赫茲租車（Hertz）稱霸當今租車市場，安維斯的品牌知名度遠遠落後，無論安維斯有多好，都難以在消費者心中占有一席之地，直到它首度承認赫茲才是業界領導者為止。安維斯的「我們是老二」宣傳活動，既高明又讓人難忘。從來沒有廣告主自告奮勇承認自己是老二，但安維斯卻這麼做了，因為它很清楚一提到租車公司，大家只認識赫茲，要是不承認這一點，就沒人知道安維斯的存在。

安維斯鏗鏘有力的宣傳口號可不只有「我們是老二」這一句，下一句是「但我們更賣力」。如我前面所指出，這是品牌追隨者典型的定位策略：**先承認領導品牌的主宰地位，接著告訴消費者，你的品牌給予他們的或為他們做的，領導品牌辦不到。**

除了安維斯之外，另一個堪稱經典的定位宣傳活動，則是七喜汽水（7-UP）被定位為非可樂（Uncola）。1972 年我加入芝加哥廣告公司智威湯遜（JWT）時，七喜的廣告宣傳仍如火如荼進行，參與這支廣告創作的人有許多我都認識，也一起共事。2006 年我在舊金山舉行的新聞暨大眾傳播教育協會（AEJMC）會議上，發表過以七喜汽水廣

安維斯租車：我們就是第二，但是我們更賣力！

告為主題的論文。我也將七喜的廣告宣傳拍成紀錄片，由紐約市調機構 Insight Media 發行成 DVD，如果你對探索此巧妙高明的宣傳活動有興趣，可以線上訂購 DVD。

1967 年的軟性飲料市場堪稱是可樂的天下，可口可樂與百事可樂兩大廠牌相互爭雄，但之後運動飲料如開特力、瓶裝水、維他命水、有機綠茶等等陸續出籠。飲料產品的種類有限，不脫可樂、沙士、水果基底的軟性飲料這幾類，而且全是碳酸飲料。以水果為基底的軟性飲料中，七喜算是檸檬萊姆汽水的領導品牌，但它不是可樂。在消費者心中，七喜被當成胃不舒服時的救急藥方，或是威士忌調酒的良伴。消費者並未把七喜定位為軟性飲料，原因就在它並非可樂，這在針對青少年目標市場所做的調查中獲得證實，受調青少年被要求點名七大軟性飲料，結果清一色是可樂。

所以，有別於前述的赫茲租車例子，此處具主宰優勢的不是某某品牌，而是飲料類型之一的可樂〔可口可樂、百事可樂、榮冠果樂（Royal Crown）〕。經過多番深思討論，智威湯遜的客戶與創意團隊體認到，消費者從不會將七喜看成是軟性飲料，除非它們和可樂站在同一陣線，否則七喜的銷量將繼續大幅受到抑制。

強調七喜為「非可樂」的字眼首度脫口而出時，在場有三位關鍵人物，分別是智威湯遜的客戶歐維爾·羅史（Orville Roesch）、創意總監比爾·羅斯（Bill Ross）和年輕撰稿人查理·馬泰爾（Charlie Martell）。歐維爾知道他們必須設法與可樂結盟，但羅斯建議稱七喜為「非可樂」，在場每個人都認為那很有意思，查理接著提議做點小小變化，將 non-cola 改成

Uncola。大家一致覺得這個提案有點搞頭，但還是決定要三思而後行。

如馬泰爾在我的紀錄片裡所述，幾天之後大家體認到必須透過「非可樂」，將七喜與可樂掛鉤，就是要藉此告訴消費者，兩種飲料截然不同。智威湯遜拍了三支非常簡易的廣告推廣「非可樂」概念，推銷七喜時一定會提到可樂。這一幕似曾相識，正如安維斯必須先承認赫茲是租車界老大，才能讓消費者對安維斯敞開心胸；為使消費者持開放態度接納七喜，七喜同樣得承認可樂的地位。

「非可樂」宣傳的第一年，七喜的銷量急遽攀升，事實上不論是瓶身或內容物，七喜都維持原狀，並未做絲毫改變。唯一改變的是消費者心中對七喜的觀感，不再把它看成是胃痛解藥或調酒配角，終於正視它軟性飲料的身分。

另一個問題來了：如果某產品類型中，完全沒有起帶頭作用的領導品牌呢？拿牙膏產品來說，有 Crest 和高露潔（Colgate）這兩大旗鼓相當的品牌，另一個品牌 Arm & Hammer 也不容小覷。在這樣的產品類型，我們還有運用定位策略的機會嗎？照我們描述過的傳統定義，的確沒有施展餘地。對於面前的品牌，我們無法提出任何 USP 來「感動數百萬消費者」，就必須試著另闢蹊徑，訴諸消費者情感，這是我們能打的最後一張牌。

和雷夫的 USP 理論一樣，定位策略也多了一個修正版，在這個版本裡頭，我們的品牌既非八百磅大猩猩般的巨無霸品牌，也不是追隨者，我們品牌在整個產品

七喜汽水：
我們不是可樂！

類型的市占率，與其他品牌不相上下，那你要怎麼替品牌找定位？**既然你不是市占最多的龍頭，也不是追隨者，而是和別人平起平坐，那你就從超脫此產品類型的角度來定位品牌，為品牌重新定義。**

打動不了數百萬人，就對個人做內心喊話的美樂啤酒

舉個例子，1970 年代初，全卡路里（full-calorie）啤酒有三大品牌均分天下，百威（Bud）雖是市場龍頭，美樂（Miller High Life）與酷爾斯（Coors）亦有可觀的市占率，其他諸如藍帶（Pabst）、Old Style、Hamms、Schultz 等牌子也來分食市場大餅。

1970 年代初期，關於啤酒品牌特質的重大主張能提的都提了，已到了黔驢技窮的地步。消費者再也不吃這一套，任憑業者怎麼說他們都不在乎，這些品牌主張不能「打動數百萬消費者」，偏偏啤酒不像七喜有可樂，安維斯有赫茲這般，可以輕易找到襯托自己的對象。這時，如果有個全卡路里啤酒品牌在我們面前，我們該如何利用定位戰術讓該品牌脫穎而出？答案就在美樂時間（Miller Time）這個立下里程碑的廣告手法，直至今日仍然偶爾會派上用場。

美樂啤酒並未把自己定義成市場領導者，也沒有提到其他龍頭品牌做陪襯，而是強調一天之中喝美樂啤酒的最佳時間——美樂時間，這個策略主要是鎖定愛喝啤酒的藍領勞工族群。不同於白領上班族，這群男性勞工從大清早的七點工作至下午三點，傍晚五點回到家，三點到五點便是美樂時間——在結束工作到返家前的兩小時，一群男人聚在一起喝一兩罐啤酒放鬆一下。美樂

宣傳廣告的聰明之處，在於抓準目標客群一天當中最可能喝啤酒的時間點，造就現在的美樂時間。

現在是美樂時間！

你仍能在 YouTube 找到這支廣告，我大力推薦你看一看，無論從策略面或執行面，美樂這支廣告都堪稱上乘之作。廣告一開始可以看到，勞工朋友在建築工地、鐵路工程、鑽油井等崗位上揮汗賣力工作，最後來一句：「一天的工作結束，現在是美樂時間！」

一群男人收工後到他們愛去的酒吧，大夥兒聚在一起喝兩罐美樂啤酒輕鬆一下。美樂在廣告中宣揚什麼了不起的主張？並沒有，和啤酒本身相關的種種都沒提。我說過，現在啤酒本身已沒什麼能「打動數百萬人」的特色可言。美樂廣告甚至犧牲拿百威、酷爾斯這兩大啤酒廠牌作陪襯的機會，只是強調一天當中可以開懷暢飲美樂的時光。

另一啤酒廠牌麥格黑（Michelob）也不甘示弱，隨即推出與美樂時間有異曲同工之妙的廣告——「專屬於麥格黑的夜晚」（The nights were made for Michelob）。麥格黑被其製造商安海斯——布希（Anheuser-Busch）設計成「進口酒殺手」，是等級在安海斯旗下另一品牌百威以及美樂之上的高檔啤酒（意思就是價格不斐）。

麥格黑廣告雖鎖定不同的啤酒消費者，但採取類似美樂的做法，訴求一天當中某個時段，乃是享用他們產品的專屬時間。美樂啤酒已經搶走下午三點到五點的時段，現在麥格黑則要在晚間時分插旗。麥格黑的廣告邏輯是這樣的：夜晚對喝啤酒的

人來說，是真正能自我放鬆的時刻，可以好好品嘗如假包換的明星級啤酒，那段時光只專屬於與眾不同的麥格黑啤酒。之後，麥格黑廣告的訴求延伸到周末，想必業者已判定周末衝高銷量的潛力更大。正如美樂時間一般，麥格黑廣告未提出任何品牌主張，只是聲稱我們一天或一週當中有一大段時間少不了麥格黑。業者究竟是在何處做出聲明？說穿了，它就是對著我們內心喊話。

搬出黃金標準，再把自己與之相提並論的優沛蕾

另一個運用修正版定位策略的例子時間更近。知名乳品品牌優沛蕾（Yoplait）旗下有低脂和無脂兩種優格，產品名稱讓人聯想起那些高油脂、高卡路里的經典甜點——草莓起士蛋糕或檸檬派等。

優沛蕾廣告的做法是，搬出令人垂涎三尺的甜點，搬出那些已被消費者公認為美味的「黃金標準」。優沛蕾投消費者所好，讓他們魚與熊掌可以兼得。如今被鎖定為目標客群的熟女們，面對她們最愛的甜點還是可以大快朵頤一番，又不必擔心熱量問題。講白一點，就是優沛蕾挾持這些出了名的好吃甜點，讓旗下的低脂／無脂優格產品也能和美味沾上邊。

我依樣畫葫蘆，幫 Van Camp's 的豬肉豆罐頭做宣傳廣告，最終獲得《傳播藝術》（*Communications Arts*）雜誌的表揚肯定。Van Camp's 找上門時，原本是想做雙廣告（two-ad），凸顯 Van Camp's 產品很適合與各式食物搭配，而非僅限於熱狗。我心知這將是我唯一一次替 Van Camp's 操刀的廣告，真心希望有更多創新突破。我回頭去看飲料廠 Stokely Van Camp's 做過的

初步研究，發現我們的目標市場——育有兩三名子女的母親，不常讓 Van Camp's 的東西上餐桌，因為這些當媽的深深認為 Van Camp's 罐頭是垃圾食品。

我看到這一點後，已經對該怎麼做有點眉目了。如果我們能克服消費者反感，向我們的目標市場展示 Van Camp's 的豬肉豆真的很營養，你說會怎麼樣？我迅速做了些研究，發現到若干非常引人注目的營養成分，於是我在廣告中將 Van Camp's 豬肉豆與蘆筍、肉排、茅屋起司（cottage cheese）等兩相對照，這幾樣均是我們目標市場早就認定的營養食物，結果非常順利。與藝術總監沙爾・席內爾（Sal Sinare）碰面時，我告訴他這個策略，說服他除了順應客戶要求做到廣告多樣化，還要宣傳 Van Camp's 豬肉豆的營養價值。

問題是，我們如何採用此策略，並在執行時注入活力？我們得從視覺上著手，將 Van Camp's 豬肉豆與婆婆媽媽們認定的那些營養食物並列。我們一致同意，廣告中置入 Van Camp's 罐頭的做法無異是自尋死路，接著我靈光一閃提議，如果捨棄實體罐頭不用，只利用整個產品最精華的部分——標籤，讓印有 Van Camp's 豬肉豆字樣的標籤，包裹消費者認定的營養食物，那會如何？從視覺上來看，我們「擁抱」了婆婆媽媽們公認的營養食物；在消費者心理上，我們也留下與營養食物站在同一陣線的印象。和優沛蕾的例子如出一轍，**我們搬出黃金標準，將自己與此標準相提並論**，結果大受好評。

還記得我是怎麼替本章談的定位策略做開場嗎？我用了布恩的故事。布恩的經歷在此重現，我們拿消費者耳熟能詳的事（蘆筍、肉排、茅屋起司具高營養價值），來描述他們一無所悉

的事物（Van Camp's 罐頭也有很高的營養價值）。當時席內爾突然插嘴，建議廣告標題要加一句「那是你不了解豆子」，才有了你今日所見的廣告全貌。

我把老生常談的話，琢磨精鍊成訴求食品與營養關係的標題：「如果你以為蘆筍富含鐵質，那是你不了解豆子」；「如果你以為肉排富含蛋白質，那是你不了解豆子」；「如果你以為茅屋起司富含鈣質，那是你不了解豆子」，Van Camp's 豬肉豆廣告在一小時內大功告成。

文案撰寫人與藝術總監就該這樣，如團隊一般通力合作，我不是苦等席內爾提出視覺創意的文案寫手，席內爾也非癡等我提出廣告標題的藝術總監，我們兩人都是勇於嘗試的創意人。既然我們的構想已然成形，席內爾離開會議室，隨即構思出三種廣告布局，我則精心調整標題，寫出廣告正文。不僅如此，我還有另一個可重新定義 Van Camp's 的點子。

我判斷，如果在廣告中附上圖表，將 Van Camp's 產品的營養價值與其他食物兩相對照，我們的廣告就會看起來更「正式」，這真是不折不扣的操縱。我知道這些資訊若以圖表呈現，會比放在廣告正文更能取信消費者。除此之外，消費者要是注意到蘆筍廣告就會看到圖表，接著也會了解到 Van Camp's 豬肉豆與肉排、茅屋起司相比之下有多棒。就這層意義來看，圖表肩負雙重任務。

我們的執行創意總監從不認為這般膽大妄為的廣告行得通，但事實證明確實可行。我們先拿兩種不同版本的 Van Camp's 廣告給集團的品牌經理看，接著遞上營養價值的宣傳，我猶記得品牌經理的眼睛是如何為之一亮。這個廣告將永久改變消費大眾對

Van Camp's 豬肉豆的觀感，他們確實以全新的角度看待該產品，正如他們重新定位七喜汽水，不再當它是胃痛解藥和調酒配角，而是正視它的軟性飲料身分。我們的 Van Camp's 廣告不也是如此嗎？Van Camp's 產品不再被視為罐裝的垃圾食物，它的的確確是非常營養的「真」食物。其實 Van Camp's 這個品牌絲毫沒變，不管是外在標籤或罐頭內容物都維持原狀，唯一改變的是消費大眾的想法。

我們的消費者認為，Van Camp's 豬肉豆的廣告台詞了無新意，不相信我們還能還玩出什麼新花樣，偏偏我們做到了，還引起他們的興趣。這個例子充分說明我們稍後要探索的主題——廣告具有新聞價值，廣告告訴消費者一些新鮮又意想不到的訊息，而他們先前都不知道原來品牌還有這一面。我們在進行廣告測試時刪掉了圖表，廣告不但看起來創新又不落俗套，也讓 Van Camp's 前所未聞的特點浮上檯面，這種一舉兩得的做法歷久不衰。我在前面提過，該廣告接連贏得好幾項大獎的肯定，其中最富盛名的莫過於《傳播藝術》雜誌頒發的獎項，我想大多數創意工作者一致公認這個獎最難拿，尤其這又是打整體戰的廣告，而非單一廣告。

沿著策略連續帶使出三大步驟

如果你留意到的話，我們是沿著策略連續帶（strategic continuum）運作。我們先從獨特銷售主張（USP）著手，接著使出定位招數，最後對消費者做感性訴求，這是你在思索要應用何種策略時的順序。你應該把順著連續帶操作，視為策略偏好順

序（strategic preference）。關於策略應用的時機、地點和方式，都要在你的決策過程中表露無遺。

身為廣告策略家，我們一貫的做法是，首先要決定負責的品牌是否有獨特銷售主張，而且如雷夫 USP 理論的第二準則所述，確確實實是這個品牌專屬或獨有的。倘若與蘋果 iPod、iPhone、iPad 一樣，我們的品牌也有 USP，我們絕對舉雙手雙腳贊成。為什麼？回到消費者一看到廣告就捫心自問的問題：「我能從中得到什麼？」該問題最清楚、明確又讓人非常難以抗拒的答案，正是獨特銷售主張。廣告有這麼強而有力的 USP，便能發揮最好的功效──喚起消費者意識。

回頭看看前面舉過的抗癌藥 Bill's Cancer Pill 例子，我們無須使出吃奶的力氣「推銷」藥丸，只要讓消費者知道它的存在，他們就會趨之若鶩地爭相購買，這就是 USP 的特徵。

若欠缺像這樣的 USP，我們只好退而求其次，求助我在雷夫 USP 理論中加列的修正版準則。我們替品牌做的重大主張／聲明／承諾，是否一體適用於該產品類型的所有品牌，而未被任何其他品牌發表過嗎？要是答案是肯定的，這就成了我們的「Wonder Bread 聲明」，我們就要二話不說撩落去！我們不妨這麼想，只要有適當的媒體預算，我們就有辦法操縱消費者，讓他們相信我們的品牌在該產品類型中獨一無二，儘管實情並非如此。

最後，我們拿雷夫 USP 理論的第三準則來評估上述的修正版做法──這會打動數百萬消費者嗎？我們的品牌主張或許尚未出現與其他品牌雷同的尷尬窘況，但經由調查研究或在市場試水溫後，我們發現此主張仍不夠力，不足以打動數百萬人購買該品牌，這下問題可就大條了，嚴重性不亞於一開始就缺乏

USP 的情況。有鑑於此，我們判定雷夫的 USP 方法已不再發揮任何作用。

既然 USP 沒什麼搞頭，照我們的策略連續性原則，就該前進到使出定位策略的階段，這裡的重點全放在消費者心中對品牌的觀感，而非品牌的實際特性。當我們將定位視為可行的策略，首先要判斷我們的品牌在此產品類型中，是屬於「八百磅大猩猩」級的巨無霸品牌，或是追隨者。你早一步知悉這一點，對我們替產品品牌尋找定位，將會產生戲劇化的影響。

就像賴茲和屈特在書中所說，假如我們是「以多取勝的龍頭」，最不願做的事就是提到我們身後的跟屁蟲。我們必須表現得宛如這個產品類型的霸主，事實上我們幾乎就是，更何況說我們是龍頭老大，此話本就不假。現在，我們得集中火力維持「最大市占」，那意味我們的品牌要永遠搶先追隨者一步。

蘋果這個品牌又是詮釋此番道理的最佳範例，我們就舉 iPhone 5 為例。當競爭對手還在仿照 iPhone 的特色和優點推出新款智慧型手機，蘋果便發表功能升級的新一代 iPhone，再次搶得先機。就算蘋果沒有發表新品，也會以大幅降價鞏固市場，這給了消費者十足的理由，寧可支持「正版」，也不要「山寨版」。要是企業自滿於現有的龍頭地位，忘了要永遠保持「最大市占」，很快就會兵敗如山倒，席爾斯（Sears）就是血淋淋的例子。

昔日的席爾斯有如今日的沃爾瑪，是折扣零售界「以多取勝的龍頭」。我個人任職於智威湯遜廣告公司時，曾負責席爾斯百貨這個大客戶五年之久，席爾斯人人都持一樣的自滿心態：席爾斯是業界第一，永遠都是，那全是上帝的旨意。我猜他們忘了問上帝的意思，因為如今沃爾瑪才是。照席爾斯目前的狀況，能

不能存活下來都成問題。品牌若只愛當「老大」（firstest），卻忽略保持「最大市占」（mostest），就會有這種下場。

我們的品牌如果不是「以多取勝的龍頭」，我們在此產品類型中的地位鐵定是追隨者。這樣的話，我們的品牌得先向龍頭老大致敬，再從全新的角度自我定義，告訴消費者，我們能給龍頭品牌不能給、也不會給的東西。替某產品的後進品牌定位時，若想達到最佳效果，最好是在龍頭品牌與第二、第三品牌並陳的情況下。要是你的品牌在市場上，是實力與頂尖品牌相差一大截的小角色，在整個產品類型的營收中只占一兩個百分比，定位戰術肯定不會有什麼效果。

最後，即便處在前三大品牌均分市占的環境，仍可從產品本身以外的地方找出特色，替品牌定位。像美樂和麥格黑啤酒的例子，主打一天當中某時段或週末時光，是暢飲美樂及麥格黑的最佳時機；或如優沛蕾優格與 Van Camp's 豬肉豆的案例，刻意讓產品與「黃金標準」扯上關係或劃上等號。

廣告策略三：情感化品牌

我們的廣告策略之旅已來到尾聲，歷經 USP 及定位教育的洗禮，要是對執行成果不滿意，這趟旅程還有哪裡值得駐足？就只剩下情感訴求這一站。確定操縱品牌的實質特性和消費者對品牌的觀感都無效後，我們別無選擇，只好操縱消費者的情感面。現在看來，那全是障眼法。當我們走到情感訴求這一步，等於是承認我們的品牌特性與品牌本身，對消費者來說不痛不癢，連提都不必提，更不用詳細介紹。

　　我們在這個廣告策略之旅終點站的任務，與品牌本身無關，而是針對目標市場的消費者。我們必須透過既有或新近的研究，最常見的就是諸如焦點團體的質化研究，來辨別消費者的意義系統（meaning system）——他們的價值觀、心態、信念、舉止行為。接著我們就像舉起一面鏡子般，藉由品牌廣告，將消費者的價值觀／心態／信念／舉止行為，映照回去給他們看。

　　同一產品類型的眾品牌往往如此雷同，沒什麼特色值得大書特書，所以情感訴求反倒成了這三大廣告策略中最常使用的一種。為了更了解我們採取情感策略欲達成的目的，請參看這兩個交疊的圓形圖。

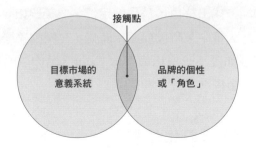

　　左邊的圈圈代表目標市場的意義系統，右邊的圈圈代表品牌的個性及特性。欲將品牌情感化，我們必須讓自家品牌朝目標市場的意義系統靠攏，找到品牌的個性、特性與目標市場意義系統相交之處，我稱此交集地為「接觸點」（TouchPoint）。同一產品類型中，不是每個品牌都有同等的機會，可以和目標市場的意義系統有所交集，但若能成功做到的話則是美事一樁，這裡有些例子可供參考。

肯定妳的不完美：多芬與女性消費者創造意義交集

第一個例子是我個人最偏愛，不知是誰靈機一動想出來的，簡直是天才之作，我指的是多芬（Dove）廣告，入鏡的是素人女性而非職業模特兒。不同於外型姣好的模特兒，這些素人婦女有各式各樣的缺陷——太胖、太瘦、太老、皺紋太多等等，就和我們所有人沒什麼兩樣。或許透過焦點團體法，多芬已經發現到，那些被他們鎖定的女性消費者厭倦別人說她不「完美」。她們厭倦拚命讓自己看起來像模特兒，不想再追求不切實際的身材、臉蛋和人生，她們覺得很火大，再也受不了了，她們要的是別人能認同她們的真實本色，也就是全人（total human beings），聰明、事業有成又有愛心，順帶一提，還很迷人。

多芬在廣告中啟用缺陷畢露的素人女性，顯示出該個人清潔用品領導品牌已認明消費者的意義系統，再透過廣告將系統中的價值觀、心態等等，朝目標市場反映回去，這將情感策略發揮到極致。

對你的目標市場要有十足的了解，經由廣告確認你的品牌和消費者的意義系統有交集，在此產品類型中，可不是每個品牌都做得到。多芬經常鎖定熟女為目標，反觀寶鹼旗下的 Herbal Essence 則主攻青少年族群。因此 Herbal Essence 的品牌特性和個性，不會與多芬目標市場的意義系統有交集，就像我們前面敘述過的——我現在這個樣子挺不賴，即便是冒出皺紋等等，我也甘之如飴。Herbal Essence 一定會和其他意義系統有交集，但恐怕不會與多芬的重疊。

另一個很棒的例子我已經誇獎很多次，或許你也是，就是奧利奧（Oreo）餅乾廣告。這支迥異於多芬的廣告，說明了做

感性訴求的策略，達到預期效果的機會有多廣泛深遠。該廣告刻劃一對父子享用奧利奧餅乾時擁有的共同儀式，廣告終了時我們恍然大悟，原來爸爸人在香港（可能是出差），兒子在美國某地，這對父子即使相隔一萬英里，仍因奧利奧餅乾緊緊相繫。這個案例告訴我們，目標市場的意義系統欲傳達的重大訊息是，縱使父子兩人相隔千里，依然產生緊密聯繫。那是廣告真正的「賣點」，奧利奧餅乾只是搭上順風車，訴諸父子間強烈情感聯繫的策略，讓奧利奧跟著沾光。

我之前提過，我對卜斯特金色爽脆穀片與該品牌的吉祥物蜜糖熊，有很深的情感依附。對我來說那不單單是早餐穀片，還蘊藏滿滿的愛，讓我想起母親及早年生活在公寓的那段時光，覺得很有安全感、幸福洋溢又備受呵護。我在自己的課堂上，要求學生寫一頁短文報告，舉出有哪個品牌讓他們產生類似的情感依附。

接著他們必須當著全班的面，逐字唸出自己的文章，那對全班學生甚至對我而言，都是帶來強烈震撼的經驗。這堂課清楚闡明我在第一階段表達的觀點：**人人都會對品牌產生情感依附，這不是用常理可以理解**。伴隨我們成長的品牌，參雜很多與我們父母、祖父母、手足、朋友有關的強烈情感和經驗，這些品牌就這樣成了家庭、家庭時間、家庭聚會、祖父母、假期等等的象徵。伴著我們長大的品牌，簡直就像我們的家人一樣，這麼說其實一點都不誇張。

舉例來說，我從小吃到大的是 Jif 花生醬，這時 Skippy 花生醬突然出現在我的餐桌上，就像一位陌生的不速之客闖入我的午餐。Jif 花生醬是家裡的一份子，該死，那 Skippy 花生醬呢？Jif

花生醬讓我想起媽媽做過花生醬及果醬三明治給我當午餐，可是我關於 Skippy 的記憶完全空白。當然對別人來說情況完全相反，Skippy 才是家人，Jif 是不折不扣的陌生人。

　　一些學生講到他們品牌依附的故事著實感人，最常提到的是家人、全家共度的時光、特殊的家庭儀式（例如每周五晚上全家聚在一起看 DVD）、過世的祖父母、父母離異的感傷、童年回憶等。所有短文朗誦過一遍後，我問全班學生這些感性的品牌故事讓他們想到什麼，不是故意要貶低這些文章蘊含的真摯情感，但學生都異口同聲回答──電視廣告！而且這些廣告要像我前面描述的多芬和奧利奧廣告那樣，能引起強烈的情感共鳴。一旦我們採用感性訴求策略，就是希望廣告能對消費者動之以情。這個策略無關品牌的實質特性或消費者對品牌的觀感，而是關乎品牌如何贏得消費者的情感迴響。

　　我們在本書一開始就看到幾個最早期現代廣告的例子，包括替一次大戰做宣傳以爭取支持，就是利用直搗內心深處的感性訴求，比方說在自由女神像背面捅一刀之類。由此可知，感性訴求策略絕不是什麼新玩意兒，其實真要說起來，它出現的時間比另外兩人理論 USP 與定位還要早，我之所以把感性訴求放在策略連續帶之末，是因為我們永遠要牢記每位消費者一看到廣告必問的問題：「我能從中得到什麼？」USP 和定位策略不拐彎抹角，回答得最直接，有這兩大法寶加持，我們實際行銷客戶的品牌時，就會充滿鬥志和企圖心。

　　關於消費者的疑問，USP 給的答案最令人滿意，理應是推廣品牌最有效的方法。且讓我們回顧 2009 年的蘋果 iPhone 廣告，我們還需要訴諸感性來推廣第一代 iPhone 嗎？沒這個必要。為

什麼？因為在當時，iPhone 擁有其他牌子手機所沒有的獨特功能及優越性能。不過，如我們所知，大多數品牌都找不出獨到的主張，甚至整個產品類型的聲明也了無新意，無法「打動數百萬消費者」，所以我們從策略連續帶上的 USP，移往下一個定位策略。

我們品牌所屬的產品類型，有主宰市場的龍頭品牌（八百磅大猩猩）嗎？如果有的話，那我們是猩猩級的巨無霸品牌，還是跟在龍頭後面亦步亦趨的追隨者？另一方面，若我們處在前幾大品牌均分市占的環境，運用定位策略時最好參照美樂、麥格黑和優沛蕾的做法，替品牌另尋錨點（立足點）。要是這些條件或機會都不存在，我們只好打出最後一張牌，對消費者做感性訴求。

原本我們是靠產品的實質特性，也就是獨特銷售主張（USP），或消費者心中對產品的觀感（定位）來區分品牌，但走到策略連續帶的尾端，無異是承認已無法訴諸理性來介紹我們的品牌，因此不得不做感性訴求。

哎呀！我們談了那麼多廣告策略，不知不覺已來到這部分的尾聲，我們達陣了！萬歲！我們終於可以大展創意，我敢打包票，你已經等不及要一顯身手了！不過，練好廣告策略的基本功，是提升你文案寫作技巧的必要條件。畢竟所有廣告都是策略執行的成果，若沒有先搞清楚廣告策略的操縱手法，你就不能充分掌握文案操作技巧。不過這些重大策略的最終目的還是廣告商品，要是無法好好執行就毫無意義。

正如我前面所說，廣告策略如同電影《科學怪人》中的怪物，既然構思出完整輪廓，代表它切實可行，但實際上起不了作

用，必須賦予生機活力。法蘭肯斯坦博士對著科學怪人的腦部射入電流後，說了句令人難忘的話：「它還活著！」執行面對廣告策略的意義也在於此，它賦予策略生命力。文案撰寫人（多半與藝術總監協力合作）必須替策略注入活力——幽默、悲情、懸疑、動感、生氣、特殊效果，不惜一切手段，如此一來，目標市場才會鄭重看待我們的策略。那是學習廣告操作技巧的下一步，主要是教你怎麼變戲法、玩障眼法、從帽子裡抓出兔子，這全和魔術有關。所有文案寫手與藝術總監都是魔術師，現在，學習魔術把戲的時間到了！

Part II

執行篇

鎮壓你的意識，召喚你的潛意識

包在玉米葉裡的不是玉米，而是玉米罐頭！

「創意」文案人這樣的辭彙，你可能會覺得很累贅，但只要想想你看過的那些不忍卒睹的劣質廣告，馬上就會明白我為什麼要這樣強調。為數不少的文案人，是世上最沒創意的一群人，本書會幫助你避免淪落至此。在我們開始教你如何成為創意文案人之前，必須做個盡職調查（due diligence）來替後續發展鋪路。那些你佩服得五體投地的廣告，大多是交由某家行銷傳播機構操刀，如我們在本書開頭做的界定，它們當中有些專做廣告，有些從事行銷傳播下其他分支，例如公關、直郵廣告、促銷活動等。我在一開始就提過，本書主要聚焦在廣告文案寫作，但行銷傳播下的分支學科都或多或少需要借助文案。

廣告文案寫手的出沒之地

正如所有行銷傳播工作幾乎都委由行銷傳播機構打理，你大表讚賞的那些廣告，幾乎都經由廣告代理商的巧手完成。我

們的意思倒不是說在一般公司行號，你就做不出好廣告，不過完成傑作的機率幾乎等於零，因此本書舉的案例還是以廣告代理商為主。

廣告文案撰寫人可以在綜合廣告公司（full-service ad agencies）一展長才，這類廣告機構涵蓋四大功能：創意服務、媒體規劃、客戶規劃／研究、客戶管理。他們也可在創意工作坊（creative boutiques）大顯身手，這類機構專事創意提案，不具備其他三項功能。本書只關注創意部門，該部門由三大類人士組成：文案撰寫人、藝術總監及廣播製作人。

順帶一提，在廣告業負責視覺設計的不叫繪圖師或平面設計師，而稱作藝術總監。這要回溯到過往，當時將藝術與廣告宣傳結合是極度勞力密集的工作。所謂藝術總監實際上就是藝術總指揮，手下有幾名供差遣的助理，如今電腦（幾乎都是Mac）讓助手全成了不必要的冗員，但藝術總監這個頭銜還是繼續保留使用。

恆美廣告創辦人之一伯恩巴克常為人稱道之處，就是讓文案寫手和藝術總監攜手共組團隊，此合作風潮於 1960 年代席捲廣告業。在此之前，文案寫手寫好文案後，須經客戶經理與客戶核可，再交給向來有商業藝術家稱號的藝術總監。而今，文案寫手和藝術總監合力催生廣告成了慣例，既然這是業界公認的成功合作模式，如果你發現自己待的公司不是依循這個模式運作，那麼此地不宜久留，盡快另覓良木而棲！

除此之外，文案寫手和藝術總監組成的團隊在共事之時，他們處理專案的創意不分軒輊，都是創意的不可知論者（agnostics）。我的意思是：身為文案撰寫人，我的工作不僅僅

是構思文案而已，藝術總監也不是將自己局限在視覺設計的框架中。在廣告創作過程的初步階段，我們是以全方位角度來發想點子，所以我可能針對要營造何種視覺效果提出自己的想法，藝術總監發表關於廣告標題的看法時也毋須大驚小怪，我這樣的經驗已多不勝數。

一旦廣告專案的初步原始想法成形之後，文案寫手和藝術總監就各自回歸拿手的專業領域。文案寫手負責潤飾標題，並將文案其餘部分完成；藝術總監則進行廣告或戶外看板布局，若做的是電視廣告就要製作分鏡腳本。雖然本書以文案寫手為對象專談文案寫作，但所有原則對藝術總監同樣適用，就算你在團隊中負責的是藝術部分，本書仍有很多值得你參考的地方。

身兼多職、分身乏術的文案寫手

廣告文案寫手不光是寫文案，一個文案撰寫人通常身兼數職。寫文案這種被我稱為「舞文弄墨」的工作，其實是文案寫手諸多職責中最微不足道的一部分。這尤其能在電視廣告的例子獲得印證。

電視廣告的重點就是用影像說故事，沒有什麼比這個時候更適合承認，我有多討厭「文案撰寫人」這個名銜，這讓我覺得自己很多餘。一位寫手除了寫寫文案，還有其他本事嗎？在任何一家還算像樣的廣告公司，文案撰寫人被稱作寫手（writer），但我清楚得很，對不是這一行的人來說，「文案撰寫人」可不同於一般的寫手，他們專門寫廣告文案。所以我還是決定咬牙，將「文案撰寫人」（copywriter）一詞用在本書中。

以下就是文案撰寫人身兼的幾項不容忽視的職務，現在起本書將一一探討：

- 創意人員
- 視覺化思考者
- 文字大師
- 編劇家
- 作詞家（有時甚至是作曲家）
- 製片人
- 業務員

我想這樣就搞定了。你會注意到，即便我勉為其難接受「文案撰寫人」的稱號，寫文案這檔事我還是排在清單的第三位，沒把它當成首要之務。不管在哪家公司，廣告文案寫手的頭號工作就是發想新點子。點了是廣告業的王道，每家廣告公司最終賣的就是創意，不是汽車，不是基本零件，不是實質材料，而是創意。要是沒有新鮮點子，清單上其他項目也搞不出什麼名堂。一個文案高手會蹦出稀奇古怪的想法，對他們來說想點子並非無聊瑣事，而是樂趣，無論如何他們都會花腦筋這麼做，即便沒有酬勞可領。他們有巨大的精神和創作能量，擋也擋不住。

進行創意思考的第一步：相信自己有創意

你有創意嗎？我可以大聲地給予肯定回答，我與你素不相識，但我知道你是人，只要是人都有創造力，那是我們何以身為

世上萬物之首（無論好壞）的原因。我們之所以成為萬物之靈，是因為我們能發揮創意解決問題。長毛象為何從地球上絕跡，還不是人類吃了牠們的肉，扒了牠們的毛皮取暖？劍齒虎張著血盆大口想吃人，我們為求自保宰了牠們，以致這種生物便就此絕種。長毛象的體型遠大於人類，劍齒虎遠比人類兇猛，我們是怎麼摺倒牠們的？關鍵在創意思考。

我們遠古時代穴居的遠親，拿著長矛衝向長毛象正面攻擊牠，長毛象就舉起大腳重重踩向他。正面攻擊沒用，因此我們運用創意思考來解決問題。一個穴居人與長毛象單打獨鬥收拾不了牠，或許好幾個人合力就辦得到，新戰術便應運而生。一個穴居人往長毛象的屁股刺，分散牠的注意力，其他人拿著長矛不偏不倚刺向長毛象的心臟，問題就這樣解決了。創意思考的力量戰無不勝，總歸一個重點：只要你是人就有創意，就這樣，完畢。

我們在此要下的定義是：**所謂的創意，是將既有的元素或成分，以別出心裁、非比尋常且出人意表的手法加以應用**，說穿了就是**讓既有元素產生新的連結**。照此定義，各行各業人士都可在自己的工作崗位上發揮創意——門房、腦外科醫師、老師、磚匠，人人都行，甚至是文案寫手。我們大多犯了一項錯誤，以為只有搞藝術的或娛樂圈人士才有創造力。他們的確有創意，但只要是人都不乏這種本領。門房、腦外科醫師、老師、磚匠有沒有創造力，並非本書關注的重點，我們只在乎能否成為有創意的文案寫手。

要怎麼做才能達到靈思泉湧的境界？有人天生就有這種本事，他們那不可思議的創造活力不斷在腦中澎湃洶湧。但我們其餘這些芸芸眾生又該如何？能靠後天學習將自己訓練成創意思考

家嗎？當然可以，就和你學其他事物沒什麼兩樣，如同我們遠古時代的遠親學到獵殺長毛象的訣竅一般。創意思考簡直是人類與生俱來的 DNA，只是我們大多沒發覺自己潛在的創造天分，沒有敦促自己激發這方面的潛能。本書將教你如何善用自己巨大的創意潛力，這可是有訣竅的，我會傾囊相授，而且不會向你額外收費。

呼喚潛意識的祕訣：充實你的腦袋

訣竅就是：充實你的腦袋。

但不是像傑佛森飛船合唱團（Jefferson Airplane）女主唱葛莉絲·史利克（Grace Slick）的代表性創作〈White Rabbit〉歌詞寫的那樣，要靠藥物或酒精，而是汲取資訊、資料、知識、生活歷練、旅行經驗等等。你的腦袋塞進越多這些「片段資料」，你的潛意識就越有機會找到與這些資料連結的新途徑。這些意想不到的連結，就是我們所謂的絕妙點子，你擁有的知識越多，越能形成獨特的連結，越能展現創意，祕訣就在於此。沒有什麼知識是徒勞無用的，全都很重要，所以要充實你的腦袋，一整天，而且持續每一天。

滿懷創意的人通常有貪得無厭的好奇心，我不確定他們的創意是來自對什麼事都感興趣，還是因為本身的創意驅動他們的好奇心。無論哪一種，都要充實你的內在知識，你的潛意識終將用得上它——無論何時、何地、何種情況，你的內在都需要知識。

等等，潛意識（unconscious mind）？

一般人大多把無意識（unconscious）稱作是潛意識（subconscious），這麼說也算正確，完全沒問題。我老喜歡講「無意識」，因為它強調的地方我覺得很貼切，指的是我們意識範圍以外的地方，在我們原始自我的最深處。這裡也是眾所周知的大腦右半邊，創意思考即源自於此，有別於傾向線性與理性思考的左半邊。無論你怎麼稱呼它都無所謂，總之大腦右半邊是一切創意的源頭，是「自由聯想」（free association）的發祥地，亦即我所謂的非線性思考。

非線性思考就是創意思考，若你還記得我們對創意的定義——將既有的元素以別出心裁、非比尋常且出人意表的手法加以應用，你就會了解非線性思考對創意的重要性。大腦左半邊掌管的是 B 在 A 之後、C 在 B 之後等等的線性思考，然而右半邊的思考模式卻是 Z 在 A 之後、F 在 C 之後等等，倘若這些字母代表的是片段資料，這下你就清楚知道我們大腦的潛意識是如何運作。

不同於意識思考的是，潛意識的思考模式毫無章法可言。太好了，那正是我們苦苦尋求的創意——以讓人意想不到、別出心裁又別有新意的方式，將既有資料串連在一起。假如你希望展現創意思考，就要懂得利用潛意識思想。這類非線性思考讓你想到什麼？做夢嗎？沒錯，當我們的意識處於休息狀態，潛意識就會產生夢境。想成為創意思考家，你得在清醒時模擬做夢的非線性特質，你需要培養潛意識，欣然接受它，你所有精彩絕倫的點子都將出自於此，所以最好對潛意識保持友善！

從自身角度抽離，以另一個人的身分看待自己的潛意識其實很有用。你的潛意識無遠弗屆，威力遠比我們的意識面還強，可以處理的資料比意識多出數百萬倍。說實在的，多虧我們的潛

76

意識挑起所有重擔，意識才能思索宇宙萬物、從事演說、讀這本和潛意識相關的書。

　　需要證據嗎？那就想想以下這些問題。當下你們有多少人確定身體的細胞在分裂？沒人敢說吧？除了你的潛意識。當下你們有多少人清楚自己的心跳數，沒人知道吧？除了你的潛意識。最後一個問題：你們有多少人能指揮肺部吸入氧氣，呼出二氧化碳？誰有這種本事？你猜對了，你的潛意識辦得到。潛意識做這一切輕而易舉，甚至不費吹灰之力。

　　一些東方宗教認為潛意識屬於集體意識，就像披頭四（The Beatles）主唱約翰・藍儂（John Lennon）那首名曲〈我是海象〉（I am the Walrus）其中一句：「你是他，你是我，我們融為一體⋯⋯」（You are he and you are me and we are all together）。沒錯，有點像那種調調。潛意識是全人類的集體意識，是全人類的智慧，也許就是我們口中所稱的「上帝」。形而上學不在本書探討的範圍，但你的潛意識確實是神祕又令人驚嘆的傢伙，就坐在每個人的肩膀上，但我們少有人讓它發揮所長。潛意識的能耐這麼大，我們重用它的次數卻少得可憐，你要想展現創意，就得立馬停止這種情況。你必須敞開雙臂擁抱潛意識，緊抓著它不放，公平看待它，也許它會以創造天賦回報你。

　　不過，該怎麼做呢？你如何張開雙臂擁抱潛意識這頭桀驁不馴的野獸，要它照你的意思前進？回到我們開宗明義講的──充實你的腦袋。你的潛意識會幫你創作，但巧婦難為無米之炊，你也要給它創作所需的原料素材，而且你餵給潛意識的素材資料越多元化越好。我們就用字母系統的個別字母來說明，每個字母代表不同種類的資料。就算你的潛意識裡有大量片段資料，但如

果全是「A」，你能創造出多少別出心裁、出人意表又別有新意的連結？可想而知，一定屈指可數，畢竟我們只有「A」類資料能運用。你或許能提出「AA」或「AAA」，那「AAAA」怎麼樣？你懂我的意思，我們的創意思考會嚴重受到局限，是因為潛意識裡的東西極其有限，除了「A」類資料別無其他。

用多元的養分「餵食」潛意識

那麼，如果我們拿廣泛多元的資料，像是「D」類、「P」類、「Y」類、「G」類等等，來餵食潛意識，你說會怎麼樣？現在你的潛意識將不愁無米可炊！你餵食潛意識這所有多采多姿的元素，無異是給了它創造新穎連結所需的利器——這就是創意的定義。不只「A」類資料，如今我們手頭素材的種類繁多，多的是方法創造出新奇且令人驚艷的連結，我們可以變換出 DY、YD、PPP 或 PDYG——很好，你抓到重點了。你的潛意識創造新穎連結的機會激增，創意也隨之而來。

這裡還只用了四個字母，想想你的潛意識若是將 26 個字母全用上，會創造出多少別開生面又非比尋常的連結！總歸一句：**當你將大量各式各樣的資料灌輸到潛意識，直接的收穫就是促成你的創意大爆發！**

字母系統的字母象徵各式各樣的知識，你須藉由閱讀、聽講、旅行、四處參觀體驗，將廣納百川、兼容並蓄的資料輸入到潛意識。以我個人來說，我大量閱讀報紙、雜誌、非小說，我喜歡天天學習新知的感覺。我想報紙、雜誌、非小說、新聞節目、YouTube、臉書、推特等緊扣時事的媒介，能給你的潛意

識很多創作題材與資源，此處的關鍵無非是讓你的腦袋汲取多樣化資訊。

你是《時人》（*People*）雜誌的虔誠讀者無妨，只要不忘也涉獵一下康德（Immanuel Kant）和柏拉圖（Plato）的哲學思想。看看不花腦筋的電視實境節目也不錯，只要你不忘收看美國公共電視台（PBS）的《前線》（*Frontline*）節目。你是體育節目的忠實觀眾沒什麼不好，但偶爾也該去聽聽歌劇，觀賞莎翁名劇的現場演出。你輸入潛意識的資訊越多元，潛意識就會幫你生出越多新鮮驚奇的連結，亦即你夢寐以求的絕妙創意。

特別是旅行，能帶給你的潛意識各種新資訊，如我們前頭所說的，你的旅行經驗越多樣豐富越好。離開你的安樂窩吧，到有很多寶藏值得你挖掘學習的地方一遊。你的潛意識就像一塊乾海綿，貪婪地吸收所有資訊。記住，潛意識的能力本就無可限量，不管丟什麼給它，你都會得到豐厚的報償。那些是你大腦的細胞而不是屁股的，因為它們生來就是思考用的，只要你給予一些思考的題材，它們就會開始運作。

你丟什麼給潛意識都無所謂，它輕輕鬆鬆就能搞定。即便你讀的、看的、聽的、經歷的，你的意識面都不了解，只管將這些豐富的訊息輸入進去，就跟你平常把資料輸入電腦一樣。別擔心意識面能不能理解，你的潛意識會在徹底了解後，選個適當時機傳送訊息到意識面，你便能隨即茅塞頓開，創意汩汩而出，無論在哪裡都能創造別出心裁且出人意料的連結，展開一段創意人生。

在我的廣告生涯當中，所有出色的點子都源自我的潛意識。我幾乎拿遍各大廣告獎項──我因製作 Van Camp's 豬肉豆廣告，

獲頒《傳播藝術》雜誌優異獎；另一廣告作品 Sunbeam 削鉛筆機「Mr. Sharpy」，讓我抱回 Clio 廣告獎；「我們不需要子彈，就跟我們不想腦袋被轟出一個窟窿是一樣的道理」（We need bullets like we need a hole in the head）的反槍枝宣傳廣告，為我贏得紐約藝術總監協會（Art Directors Club of New York）年度獎的肯定。

這些得獎作品的構想全出自於潛意識，你在廣告或廣告以外的地方想出的那些絕妙點子，同樣都是從你的潛意識而來。不過，不能老是指望潛意識滋生創意，它也有難產的時候，在截稿日逼近之際，有時候你得加緊腳步，回頭訴諸意識面。但就像我們這裡討論的，如果你培養潛意識，它會回饋你幾乎源源不絕的絕妙創意。

先用力地等，再用力地頓悟

你的潛意識簡直就是頭難以馴服的野獸，一如它的創意特質，它不會隨波逐流，總是按照自己的步調，依循自己的原則在運作。以下就是要告訴你，如何搭上潛意識的順風車施展創意。

首先也是最重要的是：給你的潛意識充分的時間。當你有廣告要推的時候，盡快將資訊塞進你的潛意識。我喜歡把自己的潛意識，當成是獨立個體或一台深不可測的電腦，恰巧坐在我的肩頭。一旦你輸入資料後，就暫且放下去做別的事，將廣告專案拋諸腦後，這是必要的步驟（但要留心交稿日期）。你想要潛意識幫你催生創意的話，必須給它很大的喘息空間。凡是從事創意工作的誰不知道——**時間越充裕，想出精彩點子的機會越大**。原

因就出在潛意識的運作方式，它有它自己的步調，千萬別催它。

　　你現在要做的就是耐心等待，漸漸地你完全忘了有這麼回事，創意就在此時報到！隨你怎麼稱呼這種狀況，要說這像腦中燈泡突然點亮，給你靈光一閃的「啟發」（illumination），還是醍醐灌頂般的「頓悟」（aha!），不管用哪種比喻都隨你高興。現在是靈光乍現（eureka）時間！那個了不起的點子不知從哪兒冒出來，給你一記當頭棒喝。這個創意點子通常無懈可擊而且賞心悅目，只是別目瞪口呆太久。

　　靈機一動的想法，你一定要馬上記下來，否則保證跟你忘記昨晚做了什麼夢一樣，記不得剛剛的突發奇想，它會滑回潛意識深處，然後永遠消失不見。隨時準備記事本和筆在身邊，以因應這樣的狀況，你絕對不知道你的潛意識何時會把出色的創意傳送到你的意識裡。就把你的內心當成是湖面，意識在湖面上，潛意識在湖面下，當你的潛意識將精彩的創意送到湖面，也就是你的意識面，你必須及時抓住它。就像漁夫撒網捕魚，若未能及時擒獲，創意（魚群）就會一溜煙消失無蹤。就像你信誓旦旦說會記得昨晚做的夢，然後跟大家分享，結果你一覺醒來，腦筋依舊一片空白。就和妄想用手指抓水一樣，眼看就要成功了，其實是白忙一場，根本不可能抓住。

　　不過，一開始你很難信任你的潛意識，這又要回到我提過的類比，潛意識好比是獨立的個體，你需要時間和它打好關係，提升彼此的信任度，這得耗一點時間，但值得努力。畢竟潛意識是所有妙點子的發源地，你得親自朝聖去向它致敬。待你們的關係有所進展後，你們會開始信賴對方。你的潛意識相信你有盡到本分，餵給它很多形形色色的資料；而你也信任潛意識會帶給你

酷炫的創意，只不過它從來不配合你的時間表，而是按照自己的步調走。

找回你的繆思女神：用白噪音鎮壓你的意識

如果你做的是搖筆桿的工作，包括文案寫作，想必遇過所有文字工作者會面臨的障礙，就是得不到繆思女神的眷顧，靈感不來敲門。你的潛意識繳了白卷，要如何示意它動起來？這裡有些方法，對我本人和其他我認識的文字工作者很管用。你用盡這些技巧只有一個目的，就是壓抑你的意識來解放潛意識。

第一，音樂是一大妙方，俗話說：「音樂可以與靈魂對話。」此話一點都不假。音樂會莫名飛越你的意識，解放你的潛意識。

第二，白噪音（white noise）是另一個對我來說很有效的方法。每當我要構思點子，最愛待在夜總會、俱樂部之類的地方，我不喜歡標明自己屬於什麼年代，但真要說得明確一點，我承認我常泡在迪斯可舞廳。你可能會想，在那種充斥大量燈光噪音的場合，怎麼可能不分心？你如果真的在這類地方寫作，試圖讓文字躍然紙上，想必難以聚精會神。不過在你動筆寫作之前，也就是尚在初步構思階段，白噪音確實能助你解放創意。我猜那是因為周遭的噪音鎮壓住我們的意識，潛意識才能冒出頭。

第三，我的創作活力總是能在行進移動間釋放出來，我有些棒透的點子都是在長途開車期間蹦出來，所以我會在鄰座放本記事本，方便我把靈光一閃的想法迅速記下。我猜是我握著方向盤盯著前路的時候，我的意識被哄著要專心開車，潛意識便得以趁機脫韁而出，無論是開車、搭火車或坐船，只要是在

行進間都屢試不爽。

　　以上這三種技巧最能幫助我萌生創意，還有其他方法可能對你也很有效。像運動健身是很多人重要的創意發想時間，也許是身體極力伸展的時候，莫名讓我們的潛意識思考馳騁，悠閒散步也是一種方法。最後，或許什麼都不做，只是躺著仰望天空，看著雲朵從頭上飄過，潛意識反而會在如此放鬆的情況下卯足全力。

　　這些技巧可以戰勝文字工作者常遇到的障礙，它們有一共通特性——**安撫我們的意識，我們的潛意識才有機會挺身而出，釋放所有絕妙創意。**

　　有個壞消息是，有時候這些技巧全無用處。倘若用盡一切招數，靈感還是不上門，那就聽披頭四名曲的勸告：「隨它去吧！」（let it be）就像我之前說的，潛意識是頭難以馴服的野獸，它誰都不甩，只照自己的步調行事，所以有時你只能尊重它，多多遷就它。給潛意識多一點空間，寄望它在截稿日之前能及時為你生出創意。如果天不從人願，只好回頭求助 B 計畫，靠你的意識把創意逼出來，成果絕對好不到哪兒去。我前面提過，助我得獎的那些創意都出自我的潛意識，但身為專業人士，就算你的潛意識繳白卷，你仍得想辦法擠出創意，那是專業者的職責本分。即便生出的點子不是頂尖傑作，也還算可取，不會丟你的臉。

翻轉典範：打破符合期待的典型，創造新聞價值

　　若是潛意識遲遲沒有捎來靈感，眼看截稿日就要逼近，你必須改弦易轍實施 B 計畫，經由意識面激發創意思考。要這麼

做的話，聚焦視覺元素才是上上之策，一旦你創造出吸睛誘人的視覺效果，做出優秀廣告的機率高達 90%。

首先，你得找出視覺典範（visual paradigm），亦即符合期待的視覺效果，方可大大強化這類視覺創意思考。一旦你掌握到符合閱聽群眾期待的原則，製造意外驚喜（也就是揮灑創意）就更輕鬆寫意。翻轉視覺典範能激發你的創意思考，照我在此的定義，所謂典範指的是某種行事作風或觀察思考的方式被廣為認可，使我們奉為圭臬。而我之所以稱之為「翻轉視覺典範」，是因為我們採用符合目標消費者期待的典型後再加以顛覆，常產生意想不到的驚人效果。

典範是所有偉大廣告的死對頭，身為廣告文案寫手的你，其實做的正是打破典範的工作。從整體概念、視覺意象到文案，我們都應該翻轉典範（flipping paradigms）。

不過在翻轉典範之前，你得尋找典範，然後將其充作你的創意後盾。既然現在你知道什麼是符合期待的典範，就有更充裕的時間思考如何創造意外驚喜（也就是發揮創意）。別忘了我們對創意的定義：將既有元素以別出心裁、別具新意且出人意表的手法連結。我們總是想要給目標市場帶來意想不到的驚喜，消費者至上嘛！新聞，也就是我們聞所未聞的事，多半會引起大家興趣，這麼看來新聞記者的處境輕鬆多了，他們在《紐約時報》（*The New York Times*）及其他報紙寫的東西，本身就有新聞價值，畢竟那是它們稱為「報紙」的原因，內含我們從來不知道的新鮮事。**身為廣告文案寫手，你的廣告也需要新聞價值。**

但有別於新聞記者的是，你得靠人為手法創造新聞價值，提供別出心裁、別具新意且出人意表的管道給你的目標市場，讓

他們認識與思考你要推廣的品牌。

　　「文案寫手職務清單」上的第二順位，是擔任視覺化思考者。而視覺創意正是詮釋我所謂翻轉典範最理想的例子，我們就由此開始吧！

　　無論哪個媒體在製作時，視覺都是當中最重要的一環。所有傑出的廣告都很直截了當，完全訴諸視覺，一心一意專注在消費者利益。「一張圖片勝過千言萬語」這句老話的影響力，在廣告界更是被放大三倍。比起文字，圖像更能擄獲我們的目光，更讓人過目難忘，也別具操作空間。因此我敢說一句，廣告若少了精彩的視覺效果，就稱不上是好廣告，反之亦然。當你呈現絕佳的視覺震撼，就有 90% 的機會繳出很棒的廣告作品，視覺意象對廣告就是這麼重要，是不容你小覷的原因。

　　構思出令人驚喜的視覺效果太過重要，重要到不能將此重任全丟給你們藝術總監獨力承擔。記住你前面學到的，文案寫手與藝術總監剛開始聯袂合作廣告案時，他們都是創意的不可知論者。他不單單是藝術總監，你也非局限於文案寫手的角色，在初期階段你們都是創意發想者，縱使你的頭銜是「文案寫手」，也須像你的藝術總監一樣從視覺的角度思考。

令人震懾的視覺效果：讓黑猩猩來主持會議

　　但，什麼稱得上是絕佳的視覺效果？

　　一個精彩萬分的視覺意象，會用其無人匹敵的獨特性震懾你，抓著你的衣領把你拉進廣告世界。廣告得先攫取你的注意，否則它將一事無成，既不能讓你知道有該品牌的存在，也不能勸服你嘗試這個品牌，更不能操縱你的購買意向。首先，廣告必須

引起你的注意，訴諸視覺就能達此目的。精彩絕倫的視覺意象能吸引眾人目光，魅力無法擋且讓人難以忘懷，還有最重要的是，帶來意想不到的驚喜。你一直都想讓你的目標消費者大吃一驚，那就拿出你的法寶，給他們想都想不到的視覺震撼。

話雖如此，我們還是得回到先前提過的例子，重溫精彩的視覺意象究竟如何構思。當你下定決心翻轉典範，要先從尋求典範做起，這給了我們翻轉視覺典範的立足點。如果說出色的視覺意象能吸引目光、難以抗拒、讓人記憶深刻且出乎預料，差勁的視覺意象則完全相反——令人生厭、沉悶乏味、過目即忘，而且全在意料之中。

這裡有個我在課堂上用過的例子，假設我們要幫商務會議構思驚艷四座的視覺意象，該怎麼做？首先，我們要在心中勾勒公認的開會範例，即一群穿著正式商務服裝的男男女女，圍坐在橢圓形會議桌，由某人負責主持。那是眾所認可的典範，只不過這幅畫面完全可以預期，再普通不過，無聊至極。那現在我們要如何將這個糟糕的視覺意象轉換成精彩畫面？很簡單，我們把這個不出所料、普通又乏味的視覺畫面「翻轉」，讓它變得出人意表、超凡脫俗且激勵人心。

這時候學生總是能蹦出奇奇怪怪的想法，這也難怪，一旦知道差勁的視覺意象是什麼樣子（亦即典範），叫我們貢獻棒透的視覺創意也不是難事。那麼學生究竟提出什麼翻轉典範的創意？答案揭曉，主持會議的不是什麼型男靚女，而是隻黑猩猩。

你看到商務會議由黑猩猩主導的次數有多少？從來沒有，那正是這幅視覺畫面不得了的原因。它具有新聞價值，你的目標消費者想挖掘更多內幕，你成功擄獲他們的注意力——為什麼是

頭黑猩猩在主持會議？而今我呈現出帶有侵入性的、難忘的、包藏操縱企圖的視覺意象，我們已正中目標，甚至不費吹灰之力。

　　那真是輕鬆有趣！採取**翻轉典範**這種另類做法只是點子之一，我敢肯定你提得出更多創意構想。想想以下這些如何：與會人士人人一絲不掛；會議上有人不畏異樣眼光裸體示人；會議在海底、在世界第一高峰聖母峰或在外太空舉行；整場會議沒有人類參加，只有穿得人模人樣的動物等等。諸如此類的另類想法，如大江奔流滔滔不絕。

　　我們確實迸發出不少精湛的視覺創意，所以當潛意識有負你的期望，生不出想法時，你不妨照這樣開始思索如何製作精彩的廣告。就從視覺面著手，找尋符合期待的範例然後翻轉它，一旦你這麼做了，有 90% 機率可以創作出了不起的廣告。不斷捫心自問：你期許自己呈現的視覺效果，是引人再三探索，還是視而不見？

超級視覺：包在玉米葉裡的不是玉米，而是玉米罐頭！

　　有些廣告的視覺呈現震撼力十足，我稱之為「超級視覺」（super visuals）。所謂超級視覺指的是，指涉消費者福祉的視覺隱喻。由此看來，這類超級視覺用不著下標就能發揮效用，標題似乎都是多餘的。我迅速舉出三個實例，向你充分闡述超級視覺的概念。

　　我最愛舉的超級視覺例子，是 Lifesavers 糖果最近的宣傳廣告（圖 7）。該產品的平面廣告被水平線分成兩半，上半部是中間被挖洞的櫻桃照片，被挖出的櫻桃果肉與 Lifesavers 糖果大小一致；下半部是一整袋的 Lifesavers 無糖糖果。我所謂視覺隱喻

指涉消費者福祉指的就是這個,在此例中,Lifesavers標榜「純正櫻桃風味」來造福消費者。為何我們這麼急切要告訴目標市場群眾,Lifesavers無糖糖果嘗起來有純正櫻桃風味?想必是因為你打賭焦點團體的消費者曾有此反應,認為無糖糖果不具「純正櫻桃風味」。

這幅廣告意欲用「純正櫻桃風味」的視覺隱喻,瞬間瓦解消費者對無糖糖果的反感,該廣告就是由此美妙且單純的念頭展開。我腦海中還閃過Lifesavers另兩支有異曲同工之妙的廣告,整顆西瓜或整顆鳳梨被挖出和Lifesavers糖果一樣大小的洞,這兩支廣告也運用指涉純正西瓜風味和純正鳳梨風味的視覺隱喻,效果同樣強大驚人。廣告上頭的標題平淡無奇,無特別之處,其實也無所謂,因為視覺意象已道盡一切。我們既然有超級視覺這麼重量級的祕密武器,標題幾乎是多餘的。

Lifesavers糖果廣告這麼優異出色還深具啟發性有諸多原因。首先,創意人員提出超級視覺策略,而所有傑出的廣告無不視覺至上。其次,該廣告呈現的視覺效果不僅出人意料(櫻桃被挖出一個尺寸完美的洞,這樣的畫面你見過幾次?),而且用不著隻字片語,就能透過視覺向目標消費者傳達品牌的益處。這簡直就是天才之作,但還不僅止於此。

我說過,你在該廣告中會聽到焦點團體的聲音,廣告欲告訴消費者的是,他們在焦點團體訪談中提出的異議,也就是無糖糖果沒有真實水果味的說法純屬謬誤,至少提到Lifesavers糖果時獲得印證。

最後,該支廣告可說是雷夫《實效的廣告》書中宣言「**一廣告一概念**」(one ad—one idea)的理想範例。廣告要保持單純,

畢竟是我們追著消費者跑，而不是他們有求於我們，我們必須讓廣告單純化、視覺化，一心把焦點放在消費者利益。太過複雜的廣告沒人想讀、想看、想聽，消費者可不想花太多力氣從你的廣告汲取他們需要的訊息，你得主動雙手奉上。廣告須簡單、快速、有趣，一切發生在彈指之間，你做到了嗎？沒錯，你就是要在這麼短時間內抓住消費者，Lifesavers 廣告確確實實做到了。

高樂氏漂白水廣告（圖 8）和 Lifesavers 同樣具有威力，該廣告欲向目標市場傳達何種訊息？它想告訴消費者，原始版高樂氏漂白水的洗淨力及殺菌力，新版漂白水一樣都不缺。高樂氏這個傳承百年的清潔品牌，的確能發揮母雞帶小雞效應，帶動旗下新品牌振翅高飛。

我要舉的第二個例子，是我幫 Stokely 蔬果罐頭做的雜誌廣告。一如以往，廣告一開始就採取簡單、直截了當的策略。在 Stokely 印地安納波利斯總部的會議上，集團品牌經理做了清楚完整的陳述：「我聽煩了冷凍水果蔬菜沒有新鮮蔬果來得好之類的話，其實罐裝水果蔬菜幾乎和現採的一樣新鮮，它們在收成地就直接被真空包裝。」

由於和我合作的藝術總監忙於別的工作，我只好獨撐大局，推動 Stokely 廣告的進度，以免誤了交期。我從未忘記這支廣告交託給我後該秉持怎樣的原則──完整化、簡單化、視覺化。Stokely 品牌經理的指示在我腦海裡呼嘯而過，我隨即在自己的想像中看到這樣的畫面：玉米桿剝開外

Stokely 蔬果罐頭：
你可以品嘗到陽光！

皮後，露出來的不是玉米，竟是 Stokely 玉米罐頭！這畫面道盡了一切，該產品「幾乎與新鮮畫上等號」的好處，透過視覺隱喻傳達，充分將品牌經理擬定的策略視覺化。

接著，我針對 Stokely 青豆和什錦水果罐頭廣告時故技重施，青豆莢切開後，看到好幾罐 Stokely 青豆迷你罐頭排列在其中；在桃子剖面的桃核部位，出現了 Stokely 什錦水果罐頭。這三支產品廣告證明訴諸視覺的策略值回票價，也符合所有視覺化的準則──要別出心裁、出乎預料、具新聞價值。

視覺上，我呈現在消費者眼前的是他們前所未見的畫面，他們很感興趣，希望有更多發現。我知道這一切所言不虛，多虧玉米罐頭廣告經廣告學家丹尼爾‧史塔奇博士（Dr. Daniel Starch）提出的廣告閱讀率測試後，在各項主要指標──引人注意程度（stopping power）、文案主旨回想程度、讀者深度上，皆取得難以置信的高分。

說實在的，消費者真的深受該廣告吸引，廣告正文的 90% 居然都回想得起來，一般廣告能回想出 20% 左右就算不錯了。我們的 Stokely 玉米罐頭廣告展現壓倒性勝出的氣勢，集團品牌經理一看到企畫案就心裡有數，該廣告在當年進而入選《廣告時代》（*Advertising Age*）雜誌前十大平面廣告。

讓畫面正中讀者要害：鋸齒狀的 Pizza vs. 胃食道逆流

這裡再介紹另外兩個如何運用視覺隱喻的例子，但這回視覺隱喻指涉的並非品牌的好處，而是產品要幫你解決的問題。看看 Align 益生菌廣告的案例，它直接訴諸視覺告訴我們，便祕的時候我們是如何感到身體不平衡（圖 11）。當然 Align 會解決這

個問題，其實它的品牌名稱（align 有校準之意）就暗示了產品對消費者有何益處。

處方藥廣告的例子比比皆是，如今還有藥丸標榜治百病——過敏、失眠、憂鬱等等，耐適恩錠（Nexium）則是專門紓緩胃食道逆流症狀。大多數的處方藥廣告都會重回最早期的老路，先製造問題，再讓品牌以救星姿態出面解決。就像我們已知的李施德霖漱口水例子，製造出惱人的「口臭」困擾後，該品牌就能名正言順幫你化解。製藥公司如法炮製採取相同的策略，耐適恩錠廣告用了鋸齒結合一片三角狀披薩作為視覺隱喻。

耐適恩錠廣告要傳達的訊息，對飽受胃食道逆流折磨的人來說再清楚不過：一片抹上酸死人番茄醬的披薩吃下肚後，感覺就像鋸齒滑進食道般痛苦。不過，親愛的消費者別擔心，現在有簡單可靠的解決辦法——耐適恩錠。在你大快朵頤享用最愛的美食之前，趕快塞一片耐適恩錠到嘴裡，鋸齒輾過食道的可怕感覺會消失得無影無蹤。

耐適恩錠：
鋸齒般的披薩

這個超有梗的創意，耐適恩錠的電視廣告又再玩一次，以另一種視覺隱喻指涉「火燒心」問題，這次的場景搬到家庭的感恩節晚餐。無肉不歡的一家之主坐在餐桌主位，他取了些火雞肉，妻子隨即遞上美味的肉汁，但他伸手要取勺子舀肉汁時，眼前所見不是令人垂涎欲滴的肉汁，居然是一整碗鐵釘，這是怎麼回事？

只要是因胃食道逆流所苦的人都知道，肉汁滑進食道後會是什麼感覺，原本笑嘻嘻的男主人瞬間變臉，恐懼寫在臉上，他

把肉汁傳給下一人，碰都不敢碰。對一個嗜肉如命的人來說這有多難受，他甚至不能好好享用他的感恩節大餐！火雞肉少了肉汁淋在上頭，人生還有什麼樂趣！這些訊息傾瀉整個電視廣告，正中目標市場，也就是胃食道逆流患者的要害。

這幾個例子足證超級視覺的威力。從視覺角度思考，超級視覺應是你渴求的黃金標準。你與你的夥伴藝術總監該始終保持這樣的企圖，無論針對哪一種媒體廣告，都要構思超級視覺畫面──沒錯，即便是廣播廣告。你認為不可能嗎？別懷疑，千真萬確。

再回到耐適恩錠結合披薩與鋸齒意象的平面廣告，關於那個鋸齒，這回不是用看的而是用聽的，若我們聽到鋸齒輾過食道的聲音會怎麼樣？哎呦！我聽到了，簡直是感同身受，是吧？事實上，將問題透過聲音凸顯，效果或許比用視覺隱喻還好。你在後面介紹廣播的第 6 章會學到一些技巧，像這樣利用聲音效果給閱聽者一些視覺及內心的提示，就是其中之一。

嚴謹生活，維持一顆充滿活力的創意大腦

我們進一步探討成為文字高手的細節詳情之前，關於一般發想創意的過程，我還有一件事不吐不快。那些靠酒精藥物啟發創意的人全是騙子，一旦他們酒醒或從亢奮的情緒冷靜下來，會發現他們提的那些點子形同唬爛。這麼說或許一點都不浪漫，但說實在的，我認為生活「嚴謹」才能真正激發創意。

我所謂「嚴謹生活」，指的是飲食營養均衡，保持身體健康，睡眠充足品質好，且有正面積極的人圍繞在身邊，與你彼此相親

相愛，並對有難的人伸出援手……。講到這裡，你大概了解我所指為何吧！你飲食均衡，積極運動，大腦血液就會暢通，攜帶腦部所需的氧氣，啟動電流通過神經突觸（synapses，腦細胞相連之間的接點）進行傳導訊息的活動，如此一來你的大腦可保持靈活健康，充滿創意能量。

我會這麼想，源自於我幫伊利諾州政府向民眾宣導器官捐贈的時候。為了吸取製作這方面廣告所需的知識，期間我們請教過提出腦死定義的神經學家（唯有在判定腦死後才可摘除器官），腦部缺血至少五分鐘，是目前廣被採納的腦死定義。因此我不由得這麼想，如果腦死是這樣定義，那腦還有生命的情況必定截然不同——有大量血液流向腦部。

中風患者證明了這一點，中風形同「大腦心臟病發」，這係由栓塞引起，堵塞大腦正常運作所需的血流。如果腦部血流不能迅速恢復暢通的話，大腦就會開始失靈，導致很多失能狀況發生，最終形成腦死。既然你已上了一課，弄清楚何謂腦死，那我們就言歸正轉。大腦健康靈活、充滿氧氣的狀態，才最有可能生出你渴望的絕妙點子，嗑藥酗酒後神智不清的腦袋絕對不可能。

不過，「天生注定的藝術家」這個說法，或許帶有浪漫色彩。這類偉大創意思考家的創意，不是靠酗酒和嗑藥而來，或者該這麼說，縱使他們濫用藥物酒精仍不掩創意天賦。換言之，他們就是這麼才氣縱橫，即便耽溺於酒精藥物，也遏止不了他們無可限量的創造力。因此，如你想維持綿延不絕的創作活力，該把時間花在健身房而不是酒吧，吃些高營養的食物滋補腦袋，而不是危害甚大的毒品。過著健康嚴謹的生活，能讓你的創造力一直處在顛峰，創意會搶在你的前頭，不會落在你的身後。

05　當個文字界的米開朗基羅：平面廣告文案

讓你越洗越 dirty 的沐浴乳

先容我們說個故事。1500 年代初，羅馬天主教教宗朱利亞斯二世（Pope Julius II）把米開朗基羅（Michelangelo）和我叫到西斯汀教堂（Sistine Chapel），說：「我想讓天花板和牆面，布滿世界上最偉大的藝術品。」他要我們兩周後帶著構想再來一趟。

兩個禮拜過去了，教宗再度邀請我們到教堂，問道：「好吧，你們有什麼靈感？」米開朗基羅打了頭陣，教宗對他的構想大為驚艷。接著換我登場，教宗對我的想法同樣印象深刻。你猜誰會得到這份工作？原因呢？如果你回答是我雀屏中選，我實在受寵若驚，可是得告訴你個壞消息，是米開朗基羅勝出。

為什麼？教宗不也對我的構想留下深刻印象，為何選的是米開朗基羅而不是我？理由是，米開朗基羅能將他妝點西斯汀教堂的構想落實成真，我卻辦不到。米開朗基羅有繪畫技能在身，而我對畫畫一竅不通，因此無論我懷抱多了不起的想法，卻苦無

執行能力，但米開朗基羅做得到。

這個故事的寓意是：你舞文弄墨的本事等同繪畫技能。身為文案撰寫人，文字就是你的拿手絕活，好比繪畫是米開朗基羅的看家本領，都是你們向外溝通的手段──將你腦海中的想法表露出來，我們其他人才有機會欣賞。你高超的文字技巧，必須好好展現，不管怎樣都要告訴你的廣告公司和客戶，你是優秀的文案寫手，希望能獲得聘用。現在你也是專業寫手。

你這位文字高手的任務，會隨你服務的媒體而有所不同。替電視廣告寫的文案自然迥異於平面廣告，與戶外廣告、廣播廣告或網路廣告文案也各異其趣。我教文案寫作時，都會從平面廣告開始，特別是雜誌廣告。我也知道現在年輕人不大翻閱紙本雜誌，但就算你們是透過筆電或平板電腦看線上雜誌，理想平面廣告的原則一樣適用。

我喜歡從平面廣告談起，是因為它保持在固定的地方，靜止不動的緣故，我們才能研究它、分析它、剖析它。想像現在有支 30 秒的電視廣告可就不同了，從現在算起，30 秒一閃即逝，很難好好研究，你必須一而再、再而三反覆播放，更何況電視廣告要研究的層面實在太多──影像、聲音、剪輯、明星代言、表現手法、配樂等等。相形之下，雜誌廣告就單純多了，就因為它呈現靜態，我們才能好好端詳它為何以這樣的面貌呈現。

你這位文字高手面對平面廣告時有兩大任務，第一是下標題，第二是寫正文。你的工作職責印證一句俗話──魔鬼藏在細節裡。我們已經有不得了的創意和令人過目難忘的視覺意象，現在必須做更充實具體的呈現，讓廣告有血有肉，藉由文字將廣告的潛能發揮到極大化。

回想一下前面提過的 Van Camp's 豬肉豆廣告，它有不得了的創意——將 Van Camp's 這個品牌與營養豐富的食物相提並論，有令人過目難忘的視覺意象——拿 Van Camp's 的品牌標籤包裝營養食物。不過，要是標題沒用上這句老話「那是你不了解豆子」（you don't know beans），結局會如何呢？我想你了解我的意思，整個廣告將一敗塗地。就像我提過的，視覺意象是所有廣告中的熠熠之星，但每個明星也需要特別嘉賓來助陣增色，那位特別嘉賓就是你的文字。

只有 20% 的消費者會看你的廣告正文

我們創作好的平面廣告之前，必須先分析消費者平常是怎麼看平面廣告。研究指出，消費者目光在掃描廣告時有一定的順序。**平面廣告有四大構成要素：視覺意象、標題、商標、正文。**

消費者首先注意到的是視覺意象，視覺傳達訊息最立即迅速，所以那是消費者最先會看的地方，如我早前概述過的，廣告要引起注意，視覺是關鍵要素。接著讀者會看標題，尋求這些視覺意象更詳盡的詮釋說明。再來消費者的目光會向下游移到產品商標，看看誰是廣告訴求的對象，最後才會將注意力落到廣告正文。

你知道有多少消費者會看廣告正文嗎？研究顯示僅有區區 20%，對從事文案工作的你，這件事意味著：假如你連傳達消費者利益的隻字片語都省了（即回答消費者一看到廣告便會自問的問題：「我能從中得到什麼？」），80% 的消費者會對你的廣告視而不見，看都不看一眼，很快就會翻頁。

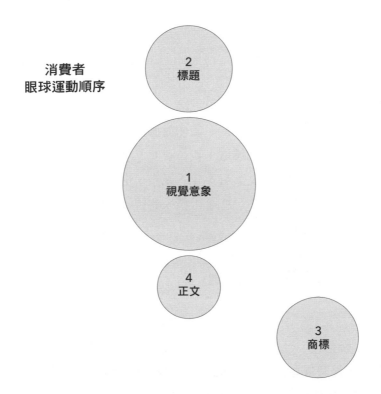

消費者
眼球運動順序

2
標題

1
視覺意象

4
正文

3
商標

　　為了確保品牌許諾的消費者利益有效傳達，必須從視覺、標題及商標下工夫，因為那是你 80% 的讀者會看的地方。我的學生常以為，將關乎消費者利益的訊息藏在廣告正文，是既聰明又有創意的做法，其實不然，那徒然淪為蹩腳的廣告。消費者惜時如金，只會花極短時間瞄一下你的廣告，短到只有一彈指的功夫。你或許孤芳自賞，很滿意自己的廣告作品，但消費者未必埋單，對他們來說你的廣告反而是種侵擾，他們不在意你的嘔心瀝血之作，你必須想辦法讓他們在意。做法就是訴諸消費者的自我利益，解開他們心中最大的疑惑：「我能從中得到什麼？」

　　既然有 80% 的讀者從沒正眼瞧過你的廣告正文，那另外 20% 願意拜讀的呢？我們可以這麼說——他們對你的廣告真的非常、非常感興趣。拿釣魚來比喻，魚兒上鉤後我們總得捲起釣線，**既然已經引消費者上鉤，我們就必須設法達成交易，而廣告正文正是執行此任務的場域。**我會說明怎麼做，但首先我們得回到標題，也就是廣告文案最重要的元素，也是讀者繼視覺意象後第二個聚焦的地方。你已經曉得精采的視覺意象由何組成，現在你該學學怎麼下標題。

七大技巧打造出色標題

　　我們討論過創造出乎意料的視覺意象對廣告的重要性；該怎麼翻轉典範，呈現意想不到的視覺效果，我們也詳細著墨過。現在，是時候給平面廣告的第二要素——標題，一個公平的機會了。

　　每項標題必須做到兩件事：首先，隱含消費者利益（回答這個問題：「我能從中得到什麼？」）**；其次，須以高明、令人難忘且充滿創意的手法告訴消費者，他們能從中獲得什麼好處。**

　　一個出色吸睛的標題必須兩者兼具，我要我的學生這麼想：標題雖點出消費者可享的利益，但要是不夠高明也無法予人深刻印象，還是停留在毛毛蟲階段。你身為專業寫手，得想辦法讓毛毛蟲蛻變成蝴蝶。可是要怎麼做？你如何叫所有毛毛蟲羽化成蝶，在廣告頁間翩然飛舞？以下有七大技巧，有助於你下出高明、難忘又創意十足的標題，每一技巧都附上實例。

1. 雙關語

——Orange you glad ？

〔這是橘色背包廣告的標題，Orange 是橘色之意，與廣告商品的顏色相呼應，Orange you 唸起來與 Aren't you 連音很相近，因此 Orange you glad ？等於 Aren't you glad ？（難道你不開心嗎？）〕

——對你的學生說「know」。

〔know（了解），音同 no（不）。〕

2. 俏皮話

——Life is short. Drink it up. （人生苦短，乾一杯吧！）

——Drive yourself crazy. （狂野一下又何妨，汽車廣告標題。）

——When you're thirsty to win. （當你渴望勝利，我替開特力廣告想出的標語。）

3. 並置

——It takes a tough man to make a tender chicken. 〔硬漢才能做出嫩雞，普渡雞肉（Purdue）出名的廣告標語。〕

——Thinking small leads to big ideas. （小處思考引發大思維。）

4. 老生常談

——If you think steak has a lot of protein, you don't know beans. （如果你以為肉排富含蛋白質，那是你不了解豆子。）

——Our orthopedics get all the breaks. （我們骨科真是幸運到家。）

——Where more businesses run for cover.〔公司行號爭相尋求庇護的地方，旅行家保險（Traveler's Insurance）的廣告標題，該公司以雨傘為標誌。〕

——We need bullets like we need a hole in the head.（我們不需要子彈，就跟我們不想腦袋被轟出一個窟窿是一樣的道理，此標語是我提出來鼓吹將彈藥列為危險的違禁品。）

5. 諧音字（頭韻）

——Run, rack, run.（車頂式單車架廣告標題。）

——Moms matter most.（老媽最在意。）

——Zoom into the zone.（聚焦某區域。）

6.「強化」視覺

在此技巧中，標題的高明之處不在其本身，而在它與視覺的關係，我稱之為「強化視覺」。

7.「否定」視覺

與上述技巧一樣，標題的高明之處不在其本身，而在於它如何與視覺「作對」。

「強化」視覺 vs.「否定」視覺：讓你越洗越 dirty 的沐浴乳

前五項寫出高明標題的技巧不言自明，毋需我多加著墨，但最後二項須進一步闡釋。如果你不健忘的話，應該很清楚讀

者看平面廣告時最先受到視覺意象吸引，這些意象釋出若干訊息給讀者，他們再從標題尋求詳述、說明、啟發、詮釋等。當標題向讀者「重申」或「強化」視覺意象傳達的訊息，這就是標題「強化」視覺的範例。反之，標題若與視覺「作對」，意味標題反駁視覺透露的訊息。

這裡有個活靈活現的例子：一張高爾夫球場的水窪照片映入眼簾，透過水下鏡頭，我們看到一隻手伸入水中要拿小白球，一條金魚悠游其間。欲強化視覺畫面，印證視覺訴說的訊息，標題應該會這麼下：「又是高球場的蒙難日。」

現在拿一模一樣的畫面，我們要示範標題是怎麼和視覺作對，所以標題下成：「又是高球場美好的一天。」此標題與前面那個呼應畫面的標題形成強烈對比，完全否定畫面訴說的故事。在高球場揮桿時，沒有比把小白球打到水窪更糟糕的事，視覺畫面直接告訴我們發生「慘劇」，標題卻弔詭地「拍手叫好」。這般矛盾衝突創造出我所謂的「不連貫性」（disconnect）。

換句話說，這支廣告看起來實在太不合理，但身為人類的好奇天性驅使下，我們想探究更多箇中內情。因此我們憑著這「不連貫性」創造出新聞價值，正如你之前所知，那是廣告為了吸引消費者注意的必要手段。故意與視覺畫面唱反調，這種廣告呈現形式很高竿，雖然難度很高，但蠻值得做這樣的努力。講到這類與視覺對槓的標題，毋需本身有什麼高明之處，只要凸顯它和視覺畫面的關係，就能製造出巧妙效果。

關於這個技巧還有另一個例子。想像有個年輕男子躺在醫院病床上，從脖子到腳都打上石膏，依然面帶微笑，標題是這

樣下的:「又一個心滿意足的顧客。」視覺畫面告訴我們有「慘事」發生,標題卻下得很「正面」,這在我們心中留下自相矛盾和不連貫的印象,我們情不自禁地想解開疑惑。該廣告例子宣傳的是機車安全帽,傳達何種訊息?就是這個牌子的安全帽會保護與拯救你身體的重要部位。

再來看最後一個例子:一瓶歐仕派(Old Spice)沐浴乳放在淋浴間壁架上,瓶身被肥皂泡泡包圍,此視覺畫面透露出「潔淨」(clean)的訊息。現在就讓我們發揮創意,想出與這「潔淨」的視覺意象格格不入的標題(圖10)。

若說視覺上傳達出「潔淨」的訊息,與「潔淨」恰恰相反的字眼是啥?骯髒(dirty)!沒錯,但我們還需要加油添醋。「Get dirty」是不賴,只是「get」這個字眼過於普通。你身為專業寫手,對於標題須字字仔細推敲斟酌,確保那是你嘔心瀝血所得的完美極致之作。我們可以想出比 get 更好的字眼,用「play」取代「get」如何?這就是我們琢磨出來的成果──「play dirty」(使壞),具挑逗意味、幽默、與視覺畫面大異其趣。

再者,想想這個問題:誰是歐仕派沐浴乳的目標客群?我猜是18到28歲的年輕小伙子,他們是歐仕派愛用者的理由是,此產品能讓他們保持身體芳香,散發誘惑女性的性感魅力。從目標市場的角度考量,我們的標題顯得加倍高明,因為它發揮雙重效果:第一,與視覺畫面牴觸;第二,「play dirty」(使壞)暗示歐仕派是吸引女人的祕密武器。考慮到我們的目標市場是年輕族群,這樣的操作可謂巧妙到家。

因此,我針對所有標題歸納出一項重點:影響的層面越廣,

這個標題就越可取。回頭看看那七大標題技巧，不難發覺每一項照各自的方式都能產生至少兩層意義，有時甚至是三層——要視目標市場、視覺意象等等而定。這樣的標題才好，因為有趣、詼諧、意味深長、具新聞價值，目標市場因而想深究箇中奧妙。當然所有廣告的首要之務，不外乎抓住目標市場的注意力，你若不能將目標市場的目光吸引過來，遑論其他。

回想一下我在本書一開頭說明的視覺原則，我把兩名學生叫到全班面前，要他們面對面開始交談，然後我中途插入打斷他們，逕自推銷起我的品牌，這就是廣告。消費者在追求他們的人生，而廣告老是試圖介入消費者和他們追尋的東西之間，對他們說：「我們能讓你更性感、更富有、更舒服自在、更討人喜歡等等。」

文案寫手要記住這一點，不是消費者在追求我們，而是我們追著他們跑。消費者才不在乎我們是什麼品牌或推什麼廣告，我們得設法讓他們關切。做法就是誘之以利，給他們好處，回應他們一見我們廣告便自問的問題：「我能從中得到什麼？」無論媒介為何，你廣告中的一切元素——視覺、正文、音樂、演員，都應以回答這個問題為依歸。

接下來我要總結的是，**每個標題有兩件事非做不可：第一，須向目標市場明示他們能獲得什麼好處；第二，須以高明、令人難忘又充滿創意的手法，向目標市場傳遞這項訊息。**倘若有標題連這兩件事都做不到，就算不上是標題了。對你們大多數人來說，幹第一件事要比第二件容易多了，不過只要你用了我在此傳授給你的技巧，馬上就能讓毛毛蟲蛻變成美麗蝴蝶。

11 個訣竅創作迷人正文

在我的文案寫作課上，我堅持學生每篇平面廣告文案都要寫三個段落。我不是不知道現今的平面廣告連正文都免了，遑論要寫上三段。但你尚在累積學習經驗的階段，務必得磨練個人寫作技巧，而那唯有靠練習、練習、再練習方有所成，老話一句——熟能生巧。

打造廣告正文得字字推敲琢磨，過程既艱辛又令人沮喪，想成為優秀的文案寫手，你不能光是憑空想像，要有實際行動。無論哪一種寫作形式都是吃力不討好的工作，對莎士比亞、康德、海明威這些大文豪來說同樣棘手，你知道嗎？對你也是，這麼說來你並不孤單。

好的寫作有多重要又有多難，在我高中時代就有深刻的感觸。布拉勒・庫根（Brother Coogan）寫有關英國神學家湯瑪仕・摩爾（Sir Thomas Moore）名著《烏托邦》（*Utopia*）的論文時常到我們高中，他曾告訴我們為了雕琢出一個好句子，花了他整整三個禮拜的時間。我敢肯定他誇大其辭，但這件事依然在我心中發酵，經過這些年我仍記得清清楚楚。

寫作的形式種類繁多，包括新聞寫作、技術寫作、小說創作，以及我們這裡最關心的文案寫作。和我們列舉的所有形式寫作一樣，文案寫作有自己的特殊需求和原則，這些原則當中首重「簡潔」，不僅是整篇文案，連內含的字字句句都要精簡有力。

回想你求學時期在學校寫過的文章，就知道文案寫作與學校作文簡直是南轅北轍。學生時代的作文，脫離不了冗長的主句和從屬子句、分號、艱澀的重要大字（big important words）、

被動式、複雜的句子結構，這讓文章看起來正經八百、一板一眼、無聊枯燥、索然無味。我連索然無味都說出口了嗎？

相形之下，文案寫作就顯得爽快俐落、鏗鏘有力、輕快活潑而且口語化多了。這類寫作善用短句、極短句、片語甚至是單詞句（single-word sentences），也常在一段話之後加上 period 以強調言盡於此，讓文章不乏抑揚頓挫、更有韻律感。

學生練習寫文案時，我規定他們每一句不得超過七個字，學生大吃一驚，問：「認真的嗎？」喔，沒錯。該項原則可幫助他們的寫作脫離學生時期的青澀，開始有專業寫手的架式，這招對他們很管用，對你也不例外。

學生時代的作文死氣沉沉地躺在紙頁上，就像在烈日下曬到乾掉的狗大便。令人拍案叫絕的文案可就不同，活色生香躍然紙上，和視覺意象及標題一樣，它會抓著我們的衣領，把我們拉進裡頭的世界。要引起讀者注意，我們需要閃耀動人、說服力強、栩栩如生、躍然紙上的文案。

但要怎麼做才寫得出那般精彩的文案？這裡有些小祕訣可供參考，不過你得一而再、再而三地勤加練習。如同我在本書最開頭說過的，知易行難，需要反覆嘗試摸索加上大量練習。你學生時期的寫作習慣頑強得很，根深蒂固到難以根除，然而只要你照著下列指導方針，就能戰勝它們。

1. 多在句子中使用動態動詞。 動態動詞（相較於 be 和 is 這種動詞）可使你的句子更生動。

2. 用主動語態，別用被動語態。 被動語態會使句子沉悶無

生氣，只是靜靜躺在那裡——沒錯，像狗屎一樣，而不像文案句子那樣躍然紙上，它們呈現到院前死亡狀態。確定你能區分被動語態和主動語態的差別，否則就沒機會揭露這兩種語態的效果有多大的差別。想更進一步確認，你可以上網查閱，好好研究每個例子，甚至將這些例子列印出來放在手邊，以供你寫作時參考。

3. 文法定義上的複雜句能免則免，要用簡單陳述句和簡短的複合句。也就是以「和」、「但是」等連接詞連接的句子。

4. 了解句點的力量。寫文案時，標點符號不會主動找上我們，而是我們要懂得利用它。平面廣告的標題應有句點，即便它只是片語或單字。這與新聞寫作截然不同，新聞標題（如報紙標題）從來看不到句點。而且，多用句點會賦予你的文案抑揚頓挫的韻律感，讀起來益發輕鬆有趣。從我們學齡前學習閱讀開始，就被訓練成一看到句點就停頓，使用句點有利你的標題及正文寫作。我都這樣告訴學生，多多利用句點——不用白不用，反正它們免費。

5. 學會「妙語如珠」。我的意思是學著藉由形容詞、動詞、名詞並置的方式，來凸顯你的論點。在我列的「七大技巧打造出色標題」清單中，並置技巧之下有個很棒的例子：「硬漢才能做出嫩雞」（It takes a tough man to make a tender chicken）。像這樣採取並置的手法，能讓你的文案看起來輕鬆有趣、引人矚目又難以忘懷。

6. 對著自己或願意傾聽的人，大聲念出你寫的文案稿。這能幫你的文案找到節奏感，讓你的廣告正文確實達到流暢目的。

7. 長短句交錯混用。七字句之後接著二字句甚或單詞句，然後再回復長句，以此類推。該技巧讓文案展現抑揚頓挫的韻律感，吸引讀者一口氣讀下去。

8. 使用形容詞要有所節制，確定你用來描述名詞的形容詞與眾不同。舉例來說：堅固的避震器（sturdy shock absorbers），「堅固」這個形容詞太常拿來修飾避震器，老狗玩不出新把戲，實在沒啥新意，舉一些令人意想不到的形容詞來修飾名詞吧，讓讀者不再以現狀自滿。

9. 文案寫作應盡量口語化，所以要使用第二人稱，這代表會經常用到「你」這個字。例如：「汰漬蓬鬆衣物的方式你會喜歡。」這使你冷冰冰的文案頓時有了溫度，也會促成這樣的錯覺，彷彿你和消費者進行一對一交流。當你是替客戶的品牌或公司「代言」時，可在廣告正文中只用第一人稱複數，例如：「在蘋果，賦予使用者力量是我們的信念。」避免在文案中使用第三人稱，那看起來真的相當冷淡、有距離感，第三人稱較適合客戶經理會用到的提案式寫作。

10. 別只是寫，還要改寫。偉大的作家之所以偉大，全靠再三修改作品以求完美。無論哪一類寫作都是費力費時的工作，勿妄想抄捷徑，除了投注心力時間及不厭其煩改寫，別無他法，正

如我現在所做的一樣！

11. 寫文案的時候，假想你的目標市場只有一個消費者，而非一大票的「無臉群眾」（the faceless masses）。 當作是你和某個人喝咖啡聊是非，或在晚餐間閒聊，這個訣竅有助你的文案口語化，讀起來活潑生動、輕鬆又有趣。

終於，我們要談最後一個訣竅，無關寫作而是關乎閱讀，那就是要閱讀好的文章。當你賞析好的文章時，你的大腦就會透過某種滲透方式，吸收字彙、句構、段落、組織。每當你讀到奇文佳句，就會學到很多提升寫作水準的撇步。也就是說，要選讀優質的小說、非小說，以及諸如《紐約時報》、《哈潑》、《紐約客》（*The New Yorker*）、《亞特蘭大》（*The Atlantic*）等出版品。閱讀這檔事應該這麼看：要讀就讀最好的！

重複在廣告中可不是壞事：
正文寫作的三段式原則

把正文寫作看成是縮小版的勸說文。我在前面提過，注意你廣告的消費者僅有 20% 會看正文，但就是這 20% 買你推銷商品的機率最大，所以如果你必須搞定這筆交易，就得採勸說式的寫法。「三段式原則」會幫你磨練勸說式寫作的技巧。

不過，為什麼是三個段落？第一個理由，三是所有數字當中最神奇的，不會太少，不會太多，恰如其分；第二個理由，就是我要你們實踐的最重要事項恰巧有三件，三段落中的每一段都

有特殊目的，就從這裡開始吧！

　　第一段，我們要覆述標題。你可以逐字逐句覆述，或是略做一些變化。標題包含了廣告最重要的精髓——以高明、令人難忘又別具創意的手法，陳述品牌對消費者的承諾，因此經得起再三提起。重複在廣告中從來就不是什麼壞事。

　　第二段，我們要拿出真憑實據來佐證品牌對消費者的承諾。整個發展的來龍去脈如下：視覺意象引起消費者注意，標題陳述品牌承諾，回答消費者一看到廣告就油然而生的疑問：「我能從中得到什麼？」現在透過勸說式寫作技巧，我們必須舉出實例，證明我們對消費者所做的承諾絕不是信口雌黃。廣告中列舉的事實並非都能達到預期效果，出自客觀第三方的事實最有說服力。第三方事實證明我們在廣告標題中做的消費者利益承諾所言非虛，而這所謂的第三方，指的是在我們推廣品牌這方面沒有既得利益者。消費者會相信這些事實，因為它們客觀超然，請見以下範例。

　　1. 盡其所能挖挖挖，挖出第三方為你背書。假設我們在推銷某個紅酒品牌，具公信力的品酒家對我們品牌的任何批評指教，遠比我們自吹自擂更有說服力。為什麼？還不是因為這是廣告，每位讀者都心知肚明，我們不會說半點自己品牌的壞話，換言之，我們只會呈現單面向故事——即品牌美好的一面。

　　然而，祭出第三方事實可就不同了，消費者知道第三方沒有理由替品牌擦脂抹粉，不會明知它名不副實還淨說些好話，因此這些事實比我們做任何聲明還有份量。如果我們的卡本內紅酒（Cabernet）被《紅酒雜誌》（*The Wine Magazine*）評選為年度

十大紅酒之一，那會有多強大的說服力？這些客觀事實是超級事實，無論何時何地你都該好好運用。

那麼，從何處發現這些事實呢？網路是你挖寶的好地方，因為網路世界就在你的彈指之間，所以要善加利用，盡情在這虛擬天地挖、挖、挖。盡你所能找出你的品牌及競爭對手的相關事實，這些第三方事實支援你發動勸說攻勢的火力，在第二段落中完成交易任務。你要盡可能在這個段落塞滿許多客觀公正的「推薦書」，它們是勸說的黃金標準。

次於這些第三方推薦書的，是來自於「滿意顧客」掛保證，有時這是根據死忠顧客統計研究而來，例如某獨立研究顯示，每十位消費者有八位偏好品牌 XYZ。即便少了死忠顧客統計數據，類似的手段仍可用以達到勸誘效果，只要引述一、二名滿意顧客的說法，從而產生消費者正面評價蜂擁而至的錯覺。這裡有個例子：「我們的席伊麗（Sealy）床墊讓我的背痛問題一掃而空！」其實那只是一名消費者的心聲，卻暗示其他很多人也有同感。

2. 舉例證明你的品牌是所屬產品類型的首選。此勸說手段和廣告本身一樣歷史悠久，它利用了「大家都這麼說，一定不會錯」的普遍心態，這種邏輯有很強的說服力。既然很多消費者都偏愛那個品牌，我可能也會加入他們的行列。

3. 舉證說明你的品牌長久以來受到消費者擁戴。如果你的品牌自 1911 年創立至今，想必深受消費者信賴。與第二點的邏

輯類似，一個能屹立百年的品牌一定好，才經得起考驗。

4. 舉出有何祕密配方、成分、手法使你的品牌與眾不同。
我們標明自家品牌加了什麼有效成分，在廣告標題中對消費者所做的承諾就更添幾分可信度。你的客戶可能已替產品標明含有何種祕方成分，你自然得用於廣告中，不然就是說服你的客戶，允許你在廣告中指明採用哪些配方、成分等等。「高樂氏漂白水，現添加了全新的 XYZ 配方，帶來前所未見的去漬效果。」

5. 向競爭對手下戰帖。如果消費產品的頭號對手能替自己的品牌打響名號，那就做吧！這招的效用僅次於客觀的第三方事實，而且也常以第三方事實的姿態現身。舉個例子，我的學生要幫幾支廣告寫廣告正文，高樂氏漂白水便是其中之一，該廣告的宣傳重點在於，高樂氏漂白襪子的效果明顯優於對手品牌 OxiClean。不過你要做此大膽強硬的聲明，必須拿出證據才能取信消費者，可透過「獨立檢驗」、「消費者使用習慣調查」等來證明。你的品牌聲明越是強硬，你越需要強而有力的證據，尤其是在消費你的主要對手之時。

6. 將你的品牌特色與品牌優點兩相結合。讓產品特色和消費者利益搭上線，這種具加乘作用的做法是很有效的說服手段，以下有三個例子：

特色：雀巢（Nestle）巧克力片是由純牛奶巧克力製成……
優點：所以我們的巧克力碎片餅乾口感豐富，總是這麼好吃。

特色：Daisy 除毛刀（Daisy Shaver）有弧線刀頭……

優點：所以除毛無死角，你可將膝蓋和腳踝的雜毛一網打盡。

特色：聯合航空（United Airlines）每天有 15 個航班從芝加哥直飛紐約。

優點：所以我們從來不會耽誤你的行程。

　　此技巧之所以這麼有效，又要回到我們最初的前提之一——消費者一看到廣告就會自問：「我能從中得到什麼？」要立即解開這個疑惑得採雙管齊下、相輔相成的做法，就是將品牌特色與符合消費者需求的產品優點兩相結合。

　　7. 利用「法律遁詞」（legal weasels）。律師不分媒體，常對文案寫手在廣告中的主張提出反駁，要應付這個問題不乏方法，最簡單的就是將廣告主張視覺化。掃描一下本頁的 QR Code，你可見我們替開特力設計的三篇廣告，都是宣傳開特力首度定位為運動飲料之用。

　　律師對美式足球選手篇廣告的標題沒什麼意見，可是對我初時在網球選手篇下的標題——「有所不同」（It Could Makes a Difference），他們覺得問題很大，同樣的主張我放在美式足球選手篇的廣告，卻拜閃電這個視覺引喻之賜逃過律師的拷問。

　　網球篇廣告的標題我數度修改，它的進化過程如下：「有所不同」（It Makes the Difference）；「可以有所不同」（It Can Make a Difference）；「或許有所不同」（It Could Make a Difference），注意修飾語的連串變化。律師會對我的廣告正

文吹毛求疵好幾百回，對劃過廣告的閃電圖樣——強調「瓶中能量」，連一次都沒反對過。這就是我說的要用視覺圖像宣揚你的主張，而非文字。律師所受的訓練是對文字錙銖必較，雞蛋裡挑骨頭，不會對視覺圖像斤斤計較。

開特力：籃球選手篇

如我在網球篇廣告所示，律師很少准你直截了當宣示品牌主張，他們真的真的很愛修飾語。而你一個文案撰寫人，背負著客戶對你做出強硬品牌主張的期待，又得擔心陳述方式是否過得了律師這一關。想想契瑞歐麥片廣告的標題：「唯一有助降低膽固醇的免煮麥片領導品牌。」（The only leading cold cereal that helps lower cholesterol.）

開特力：美式足球選手篇

開特力：網球選手篇

我們來檢視一下標題中的「法律遁詞」，首先，只要是燕麥片都有降低膽固醇的功效，並非契瑞歐的專利，不過由於契瑞歐是燕麥粥的領導品牌，該主張就技術面而論無可議之處。

第二個法律遁詞是用了「免煮麥片」（cold cereal）一詞，桂格燕麥片亦為可降膽固醇的麥片領導品牌，但它是沖泡麥片。第三個法律遁詞是「幫助」（help）這個單字，它可是修飾語之王，也是律師的最愛。對文案寫手來說，所幸這個字消費者司空見慣，頻繁到沒給他們留下半點深刻印象。此外就像我前面所說，消費者要的是簡單迅速回應他們的問題，所以消費者確實很想相信我們主張的真實性。在這個例子中，消費者希望他們的膽

固醇問題，能獲得簡單立即的回應，因此他們內心經常忽略諸如「幫助」這類修飾語的存在。

以上是撰寫第二段落時的七大說服方法。顯然你的說服技巧會隨品牌而異，你撰寫高樂氏漂白水廣告正文的手法，迥異於寫德芙（Dove）巧克力棒，但這裡勾勒的原則無論對哪個品牌都適用。

如我們在上述第七點探討的，律師常強迫我們用修飾語，而有時這些修飾語不是太灑狗血就是多如牛毛，以致我們的廣告主張淪為只是在誇大吹捧。這個字你可能聽都沒聽過——「吹捧」（puffery）。Puffery是不折不扣的法律用語，替某些廣告主張開脫，辯稱其無害，理由是這些主張怪誕荒謬到不行，法庭認為不會有消費者信以為真。

我老會想到一個例子：「沒人比你做得更好。」（Nobody does it better.）表面上看來，這是力道十足的聲明，但仔細一瞧發現那不過是膨風吹噓。「沒人比你做得更好」，OK，但言下之意也代表「沒人做得比你差」（Nobody does it worse.）。所以那句話對宣傳我們的品牌有何助益？沒什麼幫助。

我們要再搬出廣告大師雷夫，他的USP，也就是獨特銷售主張理論，我們在本書開始不久就研究過。雷夫厭惡誇大吹噓，他認為那不過是白花客戶的錢，這一招唬弄不了任何人，終究是徒勞無功。這正是在第二段舉出具體實證如此重要的原因，第二段的主張若無事實佐證，只會淪為誇大吹噓，消費者一個字都不會相信。如此一來，你向消費者證明標題的品牌承諾所言非虛的機會，將會如此錯失，銷售商品的機會同樣白白溜走。因此，廣告文案寫手可謂如履薄冰，用字遣詞既要小心別犯了

律師的大忌，所做的品牌主張又得快狠準，一舉切中消費者心坎。

我花了這麼多篇幅著墨廣告正文第二段的寫作技巧，你大概以為我忘了寫第三段吧。**我們在第三段的任務是什麼？這個嘛，不管你相不相信，我們要再重述一次標題。**原因和第一段一致，怎麼說標題都是我們廣告中最重要的一環，重複再多次也不為過。我說過，你毋須將標題逐字覆述一遍，但總要做到八九不離十，而且在第三段重述一次標題，也能給讀者周而復始的感受。

回想一下你從小到大看過的故事，盡可能回溯到童年時期，這些故事不多以回到原點作為收場，也就是重新回到故事起頭的地方？就某種意義而言，你的廣告也是一則故事，重述標題會讓廣告周而復始地循環。這麼做不失為一個好主意，可藉此告訴你的消費者下一步該怎麼做，我們稱之為「行動召喚」（call-to-action）。

凡是對你廣告感興趣的顧客都會禁不住問：「你推銷給我的東西怎麼買？上哪兒買？」如果你習慣在廣告正文中裝作一次只和一位消費者對話，就將重述標題看成是在回覆消費者的問題。行動召喚有很多種形式：要消費者上網、鼓勵他們打免費客服電話、請他們上指定的零售店。但未來蔚為主流的應是使用二維條碼 QR Code，因為現在幾乎人手一支智慧型手機，利用 QR Code 你可提供消費者更多特定的即時資訊。你的行動召喚甚至可能不限一種形式，無論你採用何種形式，重點是激勵消費者採取行動。記住我們提過的釣魚比喻，既然魚兒上鉤了，我們就得捲起釣線！

當個文字界的米開朗基羅！

　　我說過現在平面廣告有正文部分已經不多見了，更何況還寫到三個段落。不過別忘了，你尚在學習階段，需要練習來磨練你的文案寫作技巧。在廣告正文的第一段和第三段，我只是重述標題，別無其他，這麼做會讓讀者將全副心思，放在你透過標題再三強調的消費者利益承諾，我們不希望因其他事分心，偏離廣告溝通最重要的一面。

　　接著在第二段，我盡可能舉出實例，證明你所做的消費者利益承諾實實在在、童叟無欺，我將這一段的長度維持在 75 個字左右，因此整個正文部分加總起來約 100 字。你在彙整應徵廣告公司工作要用上的個人作品集時，我想應以能展現你的文字功力為重。雖然三段式規定剛開始時是當作練習，用以磨練你的技巧，但它應該漸漸成為你的寫作原則，盡展你撰寫勸說式推銷文案的能力。

　　此外，如你在本書第一章學到的，廣告僅是眾多行銷傳播形式之一，其他形式對文案的依賴程度更甚平面廣告，關於這方面的例子不勝枚舉，像是網站、附帶文宣（小冊子、產品說明書）、直郵廣告、大型活動、促銷。縱使我希望你加入廣告文案撰寫人的行列，你可能在其他行銷傳播領域當文案寫手也有很好的發展。如果你終究走上文案寫手這條職涯之路，你用以應徵的作品集得向大家證明，自己是文字工作界的米開朗基羅。

廣告正文寫作的三段式原則

段落一：一字不漏地重述標題，或略做變化。

段落二：廣告標題的使命是向你的目標市場做利益承諾，因此
在第二段你得「出示證據」，提出細節事證、來自客
觀第三方的推薦和事實，以支持你在標題所做的品牌
承諾。上網挖掘資料，找出具體事證。第三人的客觀
背書和／或推薦深具影響力，因為你的目標市場認定
它們客觀且「真實」。

段落三：再次重述你的標題（或將標題略做變化），讓目標市
場清楚知道你要他們走的下一步──行動召喚。拜智
慧型手機普及之賜，QR Code 常被平面廣告用來召喚
行動，你也可指示目標市場打免費客服電話、上網或
去指定的零售店。如有需要，上述這些招數你全都使
出也無所謂。

該你上場！平面廣告文案的熱身練習

　　和其他工具書一樣，本書作為教學工具有其局限性。我文
案寫作課的學生完成 15 篇不同形式的廣告文案，也做了至少 10
次的「熱身」練習。我一一檢查他們的作品，品評一番後給予建
議，學生再拿回去修改，一遍又一遍。我和學生的關係像極了氣
氛熱烈的乒乓球賽，妥協是學習如何當個文案寫手的必要條件，
遺憾的是這超出了本書範圍。

不過，接下來的功課會讓你步上正軌，給你很多實戰機會。就好比你做例行運動之前會先來個熱身，在你的廣告文案首次登台之前，值得小試身手一下。所有指派給學生的廣告作業，在業界稱為「創意簡報」（creative briefs），將於本書第 14 章一一介紹，它們涵蓋了我們討論過的媒體，有助建立個人作品集，方便你應徵文案寫手職務。為替你日後求職鋪路，我在簡報尾聲都會要求針對特定媒體撰寫文案，指派這項任務的目的，在於活絡你的創意思考，替你施展文案寫作技巧暖身。

要替寫平面廣告文案熱身，最好的方法就是處理雜誌廣告的三大部分，正好是我們剛才逐一檢視過的標題、視覺、正文。縱使我們一致同意，平面廣告這三大要素中首重視覺意象，我想我們最好還是先從標題練習著手，因為這是給你善用既有視覺意象的大好機會，從而磨練你一眼看出視覺效果優不優的本領。雖然構思出讓人意想不到、獨樹一幟的視覺意象不容易，但比起下標題，這方面更依賴信手拈來的創意。至於下標題這種一般而言端賴個人文字功力的工作，需要左右腦並用（右腦掌管創意，左腦主管線性思考分析）。

熱身練習一：標題

找幾個全版四色的雜誌廣告，視覺意象要出人意表、別出心裁。別想太多，相信你的直覺，只須判斷廣告能不能攫取你的目光，挑出引起你注意的即可。輕鬆翻閱多種類型雜誌，運動、生活時尚、家政、烹飪料理什麼都行。諸如《妙管家》、《Family Circle》、《Better Homes & Gardens》之類，或其他類似的居家

雜誌是特別理想的選擇。

　　若你擁有這類雜誌，將內頁廣告撕下，堆成一疊大約 20 張左右；如果雜誌不是你的，那就把你要的廣告頁複製影印，重點是你選出的廣告要強而有力。這些廣告最好是簡明單純，全神貫注於消費者利益，視覺魅力令人難以抗拒。外加一個重點是，這麼做也有助你篩選出標題有欠水準的廣告。你被指派這項任務的原因無它，就是要想出更好、更理想的標題。

　　你蒐集到 20 幅左右的廣告後，用便利貼遮住所有標題，全部廣告都得立即這麼做，然後擱在一旁一個禮拜，要久到你足以把這些標題忘得一乾二淨，才可以準備行動。

　　假設每幅廣告的其他一切元素都維持原貌，你認為各廣告所做的消費者利益承諾為何？將它們一一寫下。我鼓勵學生用「XYZ 給你 ＿＿＿＿＿＿」的句法，這讓品牌對消費者的承諾一目了然。

　　怎麼說？舉個例子：「卡夫給你起司通心麵的全新吃法」，那正是你需要的——簡明扼要的陳述。若是你的句子冗長又東拉西扯，代表你並未充分理解品牌究竟做了什麼承諾，那就一直修改到你精確反映品牌的利益承諾為止。這個精心琢磨的陳述，就成了品牌對消費者的利益承諾，一定要放在標題裡，幻化成翩翩起舞的蝴蝶。

　　一旦你掌握到品牌做了什麼消費者利益承諾，回頭查看前面下高明標題的技巧。如果你想出的標題充分展現我前面提過的七大技巧，這項練習會格外有收穫。廣告有視覺意象助陣已占了莫大的優勢，我說過，廣告成效有 90% 都是來自視覺的貢獻。只要你睿智慎選廣告，在強大的視覺震撼支持下，寫出鏗鏘有力

的標題更輕而易舉。所以，先仔細端詳廣告中的視覺意象，從中找尋你可以在標題上有所發揮的線索，以下有幾個我在課堂上用過的廣告案例。

拳擊比賽，還是愛情競賽？──Everlast 男性香水

我們先來看 Everlast 男性香水廣告。在 Everlast 這個例子，我們要從何找到下標靈感，其實 Everlast 本身就是一大提示。一提到 Everlast 這個品牌會讓人聯想到什麼？拳擊。拳擊手套、拳擊短褲和拳擊場上印有此品牌名稱已近一個世紀，鑑於 Everlast 與拳擊的淵源，拿拳擊比喻做我們的標題再恰當不過。

這裡有幾個可能選項：「你想要引人注目」（When you're going for the knockout.）、「徹底擊倒」（Down for the count.）、「上擂台」（Get in the ring）、「第一回合」（Round one），你會選哪一項？我最中意的是「第一回合」（Round one）。

理由是這樣的，首先標題最好兼具多重意義，你還記得我之前說過，這麼一來才能打造出高明又引入入勝的標題。「Round one」的第一重意義是引用了拳擊賽的回合數；第二重意義則引伸到「愛情競賽」（love match），「Round one」甚至預示好事將近；第三，這個標題與廣告的視覺意象兩相呼應。「Round one」究竟用了何種技巧才會巧妙到令人難忘？我認為是因為它呼應視覺。

Everlast 廣告中，女人雙手抓著男人的背部激情纏綿，標題「Round one」（環抱某人）巧妙強化視覺畫面傳遞給我們的訊息，同時高明地引用 Everlast 的拳擊傳統。賓果！我們創造出一個成功的標題，特別是考慮到這裡的目標市場以年輕男性

為主，他們對古龍水有何冀求不言自明。現在我們發揮些許幽默感來點變化，假設整幅廣告原封不動，就連標題都還是我們選的，只不過將此男性古龍水的品牌名稱Everlast， 換 成 Prada、Nautica 或 Polo，「Round one」這個標題依然令人覺得妙不可言嗎？當然不是，理由何在？還不是因

Everlast 男性香水廣告：
第一回合！

為換成其他品牌就少了拳擊傳統呼應，唯有品牌是 Everlast 古龍水，才襯托出標題「Round one」的精彩之處。這個廣告例子告訴我們：**標題不僅與視覺意象關係匪淺，也和品牌息息相關。**

支離破碎的 Crown Royal 威士忌？！

還有另一個我喜歡向學生提的例子，看看這張 Crown Royal 威士忌酒瓶摔破在地上的照片，標題呢？首先有個跌破眼鏡的精彩視覺意象可以讓你大做文章，你應該從未看過客戶的商品潑灑在地，瓶子摔得支離破碎，正因為如此，我們禁不住好奇心想一探究竟。

現在我們再回到標題上，前面提過的製作高明標題的七大技巧中，哪一個適用於 Crown Royal 廣告？你有機會用到雙關語、老生常談，或像我們在 Everlast 古龍水廣告中那樣與視覺意象呼應嗎？盡量利用這七大技巧，看有多少個能在構思廣告標題上助你一臂之力。

OK，現在我要揭曉這幅廣告究竟用了什麼標題：「看過一個老大不小的成年人哭泣嗎？」我不得不說，這又是標題呼應視覺的例子，Crown Royal 廣告的視覺意象營造出「令人不快」

的氛圍，標題則火上加油，予以強化重申。非但如此，這還是文案寫手掌握到目標客群的絕佳例子，會喝威士忌的人想必是該品牌的粉絲，消費者將 Crown Royal 看成是他們地位與功成名就的表徵。標題就是利用目標市場對品牌的情感依附，將操縱技巧發揮到淋漓盡致。

Crown Royal 威士忌：
看過一個老大不小的成
年人哭泣嗎？

我們進行到下個任務之前，要注意此熱身練習的重點當然還是練習。既然你的廣告已有不錯的視覺效果，你可單獨針對標題元素加強訓練，將所有製作高明標題的技巧逐一演練。你蒐集了那麼多廣告案例，可以的話，鞭策自己針對每一個廣告構思標題，七大技巧都要派上用場，至少各自催生出一道標題。這樣的練習很棒，把標題與視覺間的特殊關係交代清楚。

在我的課堂上，我堅持要學生確認哪一個是他們心目中的最佳標題，這無形中鼓勵他們編輯自己的作品，將傑作與馬馬虎虎的作品加以區分。有時我認同學生的選擇，有時我無法苟同，他們不滿意的標題我可能反倒青睞，也或許他們提出的標題全被我打回票，在此情況下，學生的廣告下標任務必須從頭來過。我不能強迫你依樣畫葫蘆，但我鼓勵你自我鞭策。練習是不可或缺的，不管學什麼技術都一樣。就因為你不是我班上的學生，更該應用這項練習要求的原則，否則你會一無所穫。畢竟，一分耕耘，一分收穫！

熱身練習二：視覺

在第一項熱身練習中，我們單獨針對標題加強訓練，現在我們也要就視覺方面進行特訓。挑選約 20 幅雜誌廣告，幫它們構想全新的視覺意象，廣告其他部分則保持原貌。選一些在你看來視覺效果奇差無比的廣告——枯燥乏味、意料之中、平淡無奇，如我先前舉的會議室例子所示，那些了無新意的典範你必須加以翻轉。

在你展開此練習之前，回想一下扣人心弦的視覺意象有何要件：須別出心裁、出人意表且具新聞價值。想想我們是如何將百無聊賴的會議室畫面，轉化成出乎意料、引人入勝又令人難忘的視覺效果。一旦你將老掉牙的視覺典範隔絕在外，想轉而營造出令人驚艷的視覺意象不僅易如反掌，而且趣味橫生，這些畫面只會引人好奇探索，絕不會被視而不見。

熱身練習三：正文

最後一項練習關乎正文寫作，一如之前做法，選 20 幅左右的雜誌廣告，最好這些廣告的正文部分是三言兩語就打發，甚或連正文都省了，你反而能因此以嶄新的面貌出擊，不受既有窠臼影響。廣告的標題與視覺部分皆維持原狀，遵照三段式寫作原則，替這 20 幅廣告一一撰寫正文。

回想我們前面探討過的，如何寫一篇出色的廣告正文，還有重新喚起你對三段式寫作規定的記憶。我最愛向班上學生提起的廣告例子，全彙整在這裡供你展開練習。這幾個廣告宣傳的品

牌和產品類型雖彼此各異，但正文的寫法並無二致。你應該練習撰寫多種不同類型產品（品牌）的廣告正文，這點不容小覷。

好比我向學生舉了高樂氏漂白水廣告的例子，廣告中高樂氏單挑對手品牌 OxiClean，看誰漂白襪子的功效略勝一籌（圖9）。接著我路線 180 度大轉彎，舉了好時巧克力（Hershey Kisses）廣告這個例子，該款巧克力係為慶祝七月四日美國獨立紀念日而上市，標題寫著：「紅、白、美味」（Red, White, and Delicious.）。

再來我又舉速霸陸汽車（Subaru）廣告，標題更省話，只寫了「親愛的速霸陸」（Dear Subaru），學生必須憑這有限的線索想辦法發揮。

高樂氏漂白水的廣告手法是讓高樂氏與他牌一對一正面對決，你替這樣的廣告寫的文案，絕對與美味巧克力和汽車廣告的文案大相逕庭，多樣化對廣告正文練習之所以那麼重要，原因就在於此。多樣化有助鍛鍊你的文字技巧，讓你的說服功力臻至完美。別忘了在正文第二段列舉若干事實，證明標題揭示的消費者利益承諾絕不是胡亂吹噓，而你針對高樂氏、好時、速霸陸等不同品牌舉出的事實，自然也是天差地遠。想成為出類拔萃的文字高手，這類練習必不可少，我指派的任務正好滿足你的需要，在你的個人作品集將可展現你苦心造詣的成果。

我們就從個別檢視這三個廣告案例出發，充分應用三段式原則。

1. 與對手互別苗頭的高樂氏：採用打破傳統的對比式標題，所以我們在第一段就要抓住要旨，只不過表達上要更有技巧，

「高樂氏當著 OxiClean 的面打倒襪子」你覺得如何？這確實將我們從視覺畫面及圖說看到的聲明動詞化，現在我們必須在第二段「證明」第一段聲明所言屬實。我不會給你什麼確切的答案，但這裡有些驚人事實可供參考：高樂氏漂白衣物已超過一世紀；高樂氏可殺死髒襪子上 99% 的細菌；高樂氏殺菌如此有效，可保護你的孩子免受細菌侵害、健健康康。接著我們在第三段重述第一段的重點，或許來點變化：難怪高樂氏每次只要沒有 OxiClean 來礙事，就能輕鬆收拾襪子。

2. 用顏色帶出愛國情操的好時巧克力：好時的廣告又是截然不同的寫作挑戰，它既不是採用對比手法，巧克力也个像高樂氏洗淨髒襪子那樣，對消費者有什麼實質貢獻，然而它卻在情感上滿足消費者。好時巧克力廣告的標題較為傳統，所以我們在第一段重述它時略為加油添醋：自 1914 年起，就兼具紅、白和美味。在第二段，我們要「證明」此聲明所言非虛，但做法上有別於高樂氏廣告的例子。在此我們要以非常不一樣的方式引述事實：超過一世紀，貫穿二回世界大戰，好時巧克力已成為很棒的美式享受。好時不愧為美國愛國志士，停用鋁箔紙包裝捐作軍需，助國家贏得二次大戰勝利。在美國國慶這一天，還有什麼比用美式巧克力慶祝更能彰顯愛國情操？接下來在第三段我們又重提標題，只是稍作變化：在此國定假日，為紅、白、美味歡呼萬歲！

3. 寫給速霸陸汽車的情書：我們再來仔細研究一下速霸陸汽車廣告。此廣告正文可朝很多方向發展，但我們把它看成是

封情書。正文第一段：親愛的速霸陸，你是我們家裡的一份子。第二段：你的全輪驅動（all-wheel-drive）設計及不可思議的可靠性深得我心，你真的很好相處，無論我們只是拐過街角或全國走透透，你還是這麼幽默風趣，和你在一起我們超有安全感，謝謝這樣的你。第三段：最最親愛的速霸陸，歡迎來到這個家！

我還將另一項正文練習指派給學生：「我的餘生只能從柳橙、香蕉、蘋果這幾種水果挑一樣來吃，該怎麼選擇？遵照三段式寫作原則，說服我相信你挑的水果是我唯一的選擇。」以下是我建議的標題，你也可以提出其他選項。總之，正文部分必須分三個段落，每段要照三段式原則所述的各司其職，完成各自的使命。你三個段落的總字數應控制在 100 字左右，其中第二段約占 75 個字，你要在此處證明標題的品牌承諾句句屬實。

為鍛鍊你的文字技巧，我希望你能就這三種水果各寫一篇，待時機成熟了，或許你會想將這些練習之作納入你的個人作品集。你依每種水果的屬性分別提出很有說服力的論據，大大展現你在勸說式寫作上的功力。

我建議的標題如下：

- 柳橙：你不開心嗎？（Orange You Glad?）
- 香蕉：香蕉猴塞雷。（Bananas Are Bitchin'.）
- 蘋果：你的心頭寶。（The Apple of Your Eye.）

只有音效的心靈劇院：廣播廣告文案

不完整才最完整，狂重複才最迷人

現在進展到討論廣播媒體 —— 電台和電視，Pandora 與 Spotify 之類的線上串流音樂賦予廣播新生命。在網路問世前，廣播電台是 12 到 24 歲年輕人最愛接觸的媒體，是他們聽音樂的最佳管道，可如今年輕人多半直接在線上聽音樂，經常流連 Pandora 和 Spotify 等音樂網站，廣告人也跟上這股潮流。

然而，有別於傳統電台，網路電台不但有聲音還有畫面，所以既能處理聽覺置入廣告（audio-only commercials），也可播送電視廣告。我們將電視廣告留待下一章討論，本章只聚焦在聽覺置入廣告，這類廣告可透過網路、廣播或衛星電台播放。在本章接下來的部分，我若是提到聽覺置入廣告，一律簡稱電台廣告。

我之所以從廣播電台開始談起而非電視，係因電台廣告可謂製作電視廣告前很好的熱身運動，此外，我想電台是最不容易做出好廣告的媒體。在電台想製作出色的廣告，理應像所有優

127

秀廣告一樣，須具備視覺元素，但靠聲音與聽眾交流的電台，哪來的視覺效果可運用？在電台，你得打造一個「心靈劇院」（theater of the mind），依賴音效、人聲和音樂喚起聽眾內心的想像畫面。換句話說，你用肉眼看不到這些想像畫面，但可透過你的心靈之眼。

電台廣告出不出色，絕對和能不能勾起聽眾想像畫面有很大關係，若光是在那兒說得天花亂墜、口沫橫飛，稱不上是好廣告。其實只要想想你聽過的電台廣告，那些糟到不行的廣告都有一個共通點，就是全在自吹自擂，他們瞄準你做口頭轟炸，而不是在和你對話。這我們在現實生活當中都有類似的經驗，派對上有說話滔滔不絕的人纏著你不放，完全不給你插話的餘地。差勁的電台廣告就是給消費者這種感覺，他們深深感到被侵擾。糟糕的電台廣告打造不出視覺場景，遑論讓我們的心靈之眼看到絲毫想像畫面，只是一味對著我們噴口水，結果就是逼得我們轉台趕緊閃人。

如果說差勁的電台廣告是這副德行，令人難以恭維，那好的電台廣告呢？和所有出色的廣告一樣，好的電台廣告會揪著你的衣領，把你引進它的世界，在你聽到它要傳達的訊息之前，不會輕易放你走。

但，怎麼樣才能做出理想的電台廣告？**簡單來說，就是要運用音效。讓能勾勒出畫面的聲音效果充斥電台插播廣告，廣告畫面如幻似真地出現在我們的心靈之眼前。**事實上，我會依循這條簡單的原則：電台插播廣告的台詞越少越好。差勁的電台廣告多半喋喋不休、愛說教，讓人不耐煩，如何避免這種情況？你不想顧人怨的話，就不要連珠炮似地說個不停，而應該

直接秀給我看。

想了解我話中之意，就從聽得過獎的電台廣告開始，最理想的管道就是上 Siren Awards 網站，你要是在 Google 上搜尋關鍵字「Siren Awards」，就會發現一長串歷年得獎紀錄。你也能直接播放網站上的電台插播廣告，很多國際性的廣告皆已譯成英文。我想你會就此了解到，這些電台廣告之所以出類拔萃，全拜音效、特殊聲音、特效和音樂所賜。

學做廣告之後，領略到廣告遍及我們生活的美好。就因為廣告無所不在，想研究分析廣告並從中學習，並不是什麼難事，傑出的作品固然讓你獲益匪淺，但有時你從劣等的作品身上反而學到更多。我總是叮嚀我的學生，看到或聽到廣告時要保持他們的「學生身分」。你必須抗拒回歸到廣告消費者的身分，強迫自己面對廣告時始終秉持一顆學習的心，那可是你學藝的最佳之道，而且不花一毛錢！

找到文案的娛樂性效果

不管你樂不樂意，當你替廣播媒體寫文案，你就已經一腳踏進娛樂圈。既然電台廣告與電視廣告夾在娛樂節目之間，它們也必須善盡娛樂責任。那不代表電台和電視廣告就不能進行遊說工作，只不過你的消費者聽節目或看節目自娛時（甚至大多是新聞節目），也期待你的廣告能繼續娛樂他們。娛樂的形式百百種，可以是幽默的、戲劇化的、驚悚的、真人實證的等等。你的消費者可不想有人對他們正經八百說教、頤指氣使、疲勞轟炸或出言恐嚇，消費者只是想找樂子！如果你不能滿足他們，他們只好找

上別人。

倘若你立志成為出色的漫畫家、動畫師、劇作家、編劇家、喜劇作家、星探、作詞家、作曲家，現在你的機會來了！這些全都化身為廣告了。而且通常你廣告的娛樂效果，實際上都源自於娛樂藝術界發生的大小事。比起寫平面廣告文案，你寫廣播文案時更需要深入挖掘自我。你必須汲取可能與廣告相關的生活經驗，參考能惹你哭、逗你笑、讓你驚聲尖叫的娛樂節目，善用這些資源來吸引消費者，讓他們的目光佇留在你的廣告上，直至聽到你要傳達的訊息為止。

瞄準聽覺：不完整的句子才是王道

平面廣告有別於電台和電視廣告至這件事雖顯而易見，但這個區別實在太重要了，我還是甘冒大不韙區隔一番。你寫平面廣告文案時，瞄準的是消費者的視覺；寫廣播或電視廣告文案時，針對的是消費者的聽覺。當然電視廣告有畫面，但字幕不算，你寫的文案全都要靠耳朵聽，而非用眼睛看。這番區別是提醒你注意，你從平面廣告跨到廣播時，寫作風格也得跟著改變。你的消費者習慣看完整的句子，可不見得習慣聽全句！

一般人說話也不用完整句子表達，其實有時甚至連話都懶得講。沒錯，他們只是發出有特定含義的聲音，像是單字又不是單字。這裡有幾個例子：「啊哈」、「嗯」、「哇」、「嗯～」、「喔喔～」、「哼」。OK，懂了吧，消費者就是這樣「說話」，你的電台、電視插播廣告也要以這種方式與閱聽者「對話」。我的看法是這些聲音很原始，像是回到人類發展出精細

的語言技巧之前，它們未經修飾的原始特性，讓廣告文案產生驚人的強大效果。不僅如此，電台、電視廣告文案加入這些狀聲詞，可使你的對話自然不造作，這種真實感是實際話語複製不出來的。

那要如何精通這類專為消費者聽覺而寫的文案呢？倒是有個很好的方法，就是聽聽他人究竟怎麼說話。在一旁偷聽別人的對話，試著將聽到的一字不漏抄在紙上，你會發現這項任務遠比你想的還要困難。另一個很棒的練習，就是將父母、祖父母、手足、師長、朋友、敵人給我們的建議、格言、警告、叮嚀一一記錄下來。

我的雙親很久前就過世，但他們的聲音時常在我的腦海裡迴盪，彷彿他們與在電腦前的我相對而坐，我敢肯定你也有同樣的經驗。我們生命中重要的人一直在和我們對話，即使他們已不在身邊，把你從這些重要之人那裡聽到的話，一字一句寫下來。我們每人都有特定的說話方式，試著在紙上重現你慣用的句法和說話節奏，這種訓練讓人讚不絕口，很能啟發你寫出逼真又吸引人的對話。

就算是唱獨角戲，也要像有人跟你對話

如我前面所言，沒有人說話會用完整的句子表達，若你試圖用完整句子寫廣播文案，你的對話聽起來會生硬不自然。我提到對話的時候，並非局限於電台或電視廣告中的兩人或多人對話，廣告播音員也涵蓋在內，廣告中沒有其他角色和他們演對手戲，他們是直接與消費者對話。

此外，絕大部分的電視廣告都有播音員以旁白方式解說畫面，播音員隱身幕後，所以我們從未在廣告中看到他們的身影，這就是所謂的旁白播音員。即便廣告中播音員沒有與其他角色你一言我一語，也是在和聽他們介紹產品的消費者對話。當然，播音員看不到螢幕前的消費者，消費者（通常）也不會真的大聲回應自己的感受，但廣告必定在他們內心掀起一些迴響。

你替廣播媒體寫文案時，一定要牢記這一點，縱使廣告中僅有一人唱獨角戲，你的文案也必須營造對話的氛圍。你的廣告對話應具備下列所有特點：活潑、輕快、戲謔式、幽默、口語化、簡短、自然，千萬別用以下方式表達：完整句、冗長的句子或措辭、複雜句、矯揉造作、僵硬、不自然、不真實、累贅、沉悶、老套。上述叮嚀都做到的話，你的廣播文案聽起來理應像一般人的對話。和其他任何形式文案寫作奉行的原則一樣，需要勤加演練，熟才能生巧。

雖說大部分電台電視廣告喜歡讓播音員直接對消費者喊話，但電台或電視廣告中出現角色彼此對話的情況也不少。這也算是對話寫作，只不過完全是另一種類型，而且困難得多。你的廣告腳本設計成有角色彼此對話的時候，要確保他們是有血有肉的角色，而不單單只是聲音。換言之，即便你的廣告長度僅有短短的 30 秒或 60 秒，也要把它當電影劇本、戲劇或其他娛樂形式來寫，廣告中的角色都該有他們各自真實的個性。只要你把他們看成是有豐富個性的角色，而非只是照本宣科的讀稿機，你的廣告人物說起話來就會更生動自然，給消費者留下真實素人的印象。

按部就班跟著學！超完整廣播腳本格式

　　學習業界一致公認的廣播腳本格式，不僅能證明你的專業，也正好用來表達你的思想和創意。寫廣播腳本的目的在於捕捉你心靈之眼所見，然後讓消費者透過心靈之眼看到你勾勒的畫面，但格式要正確適當。關於這一部分我特別舉了廣播腳本的範例，寫作格式不容討價還價，你一絲不苟照著做就對了。

　　當中若干名詞需要解釋一番，特效（SFX）是電影術語，意味「電影專用」，但我們舉的是廣播腳本的例子，和電影無關，SFX 在此處的用途指的是音效。請注意音效部分都用大寫和畫底線標明，用意是讓它在腳本中顯得很醒目，錄音室工程師一看就知道要在什麼地方施放音效。參與演出的藝人同樣以英文大寫示人，好讓藝人名字或關於藝人的描述，在整個對話中顯眼突出。

　　提到音樂，處理手法就和你對待音效如出一轍，只是拿掉SFX 字眼。若用的是純音樂，腳本範例中最左邊的 SFX 將被音樂（MUSIC）取代，且和音效的處理模式一樣，以大寫及畫底線呈現。如果穿插廣告歌（jingle），就在腳本最左邊以音樂與歌詞（MUSIC AND LYRICS）註明，並仿照寫詩時大小寫字體並用的做法，將歌詞寫成詩節（stanzas）。至於對話部分，無論是播音員直接向消費者喊話或是角色之間的交流，也是要大小寫並用。所做的一切只為一個理由——讓每位牽涉其中的人清楚知道你的想法。

　　你瞧，這個腳本確實能充當你製作商業廣告的「藍圖」，讓所有相關人等，包括客戶、創意總監、演員、錄音室工程師，都明白你的構思創意。不過現在這個腳本不能再只是紙上談兵，

而是要實際製作成電台廣告。無論你的腳本有多棒，消費者看不到，他們只會聽到完成的廣告，所以腳本若是最終沒有以廣告形式呈現的話，將會形同廢紙。

欲讓傑出的腳本變成令人讚嘆的商業廣告，你必須與眾多專家協力合作──客戶、廣告公司製片、錄音室工程師（將所有電台插播廣告串連起來）、聲音演員，可能還有樂手、作曲人、作詞人。這些專家會助你一臂之力，幫你做出一級棒的廣告，但也可能會幫倒忙，讓你的廣告慘不忍睹，這就是為什麼做廣播和電視廣告的成敗殊難逆料。有好的廣播或電視腳本只是開始，你得仰賴眾人幫忙才能讓廣告開花結果，但這些專家只要有人出了差池，你的廣告恐怕會毀於一旦。哎呀！真是令人心驚膽顫，若想保護好你的廣告，唯一方法就是慎選適當的合作對象。

ZICO 椰子水，力與美的亞馬遜之一：60 廣播電台

音效（SFX）：登～呢～呢～呢～

杜恩：大家好！我是杜恩，這裡是「和杜恩一起遨遊」，
　　　今晚我們節目的主題是打造完美身材的祕訣！

背景：（歌聲）完──美──

杜恩：（清喉嚨）好的，總之今晚我們的來賓是瑪蒂雅，
　　　自稱是亞馬遜力與美的代表！來自巴西的瑪蒂雅，擁
　　　有非凡的健美身材，是開創瑜珈─森巴技巧的先驅。

音效（SFX）：尖叫聲

音效（SFX）：重擊聲

瑪蒂雅：（輕拍麥克風）這玩意打開了嗎？哈囉！

杜恩：瑪蒂雅，可以了，別再拍了！

音效（SFX）：麥克風的雜音聲變得很大

瑪蒂雅：（太大聲）我是瑪蒂雅，亞馬遜力與美的代表！（繼續嘰哩咕嚕介紹自己）

杜恩：瑪蒂雅！

製作人：（杜恩的麥克風沒關，可以聽到麥克風傳來製作人的聲音）你要進廣告了嗎？

杜恩：噓！聽眾朋友，很抱歉遇上這些技術難題！瑪蒂雅在這裡要跟我們分享，她是怎麼維持如此無懈可擊的曲線，瑪蒂雅，瑜珈—森巴是很激烈的運動，妳是如何保持活力？妳看起來很不錯耶！

瑪蒂雅：（腳在地上來回摩擦）我不是看起來「很不錯」，是看起來好極了，好到不可思議！

音效（SFX）：瑪蒂雅發出親吻聲

杜恩：對，好到不可思議。有什麼祕訣嗎？

瑪蒂雅：我的祕訣是……

音效（SFX）：擊鼓聲

瑪蒂雅：（低聲說）我喝 ZICO ！

杜恩：蛤？ZICO ？

瑪蒂雅：噓！（低聲說）對，就是 ZICO ，我愛 ZICO ！

杜恩：那是啥玩意？

瑪蒂雅：它很特別，你知道的……巴西的祕密！就是椰子水。

杜恩：椰子水？

瑪蒂雅：噓！祕密！低卡路里，富含鉀離子！我做完健身運動後還是精力滿滿，全身上下洋溢熱情。

杜恩：啊……好的，我們今天的節目時間到了，下週要進
　　　入本節目打造完美身材週的重頭戲，瑪蒂雅將公開
　　　傳授瑜珈—森巴的技巧，敬請加入我們的行列準時
　　　收聽。

瑪蒂雅：再見！

音效（SFX）：登～呢～呢～呢～

當個省話一哥／一姐，話再多也得吞下肚

　　現在，讓我們重新回到如何寫出拍案叫絕的廣播腳本這個
話題。我之前就提過，原則很簡單——廣告是話越少越好，就
這麼簡單。這裡有個不錯的訓練，強迫自己當省話一姊、一哥，
用十個字寫出 30 秒或 60 秒的廣播商業廣告。什麼？怎麼做？
廣告詞究竟要寫些什麼？我聽到你的疑問了，這種種問題我以
前都聽過。

　　為了讓學生有好的起步，我進行一項課堂練習，將 Puffs 面
紙的雜誌廣告分發給學生。廣告上有個奇特有趣的小男孩插圖，
笑嘻嘻地使用 Puffs 面紙，除此之外，就只有一盒 Puffs 面紙出現
在畫面右下角，外加一行字樣「添加乳霜」。Puffs 面紙廣告的
獨特銷售主張在於強調柔軟，所以文案寫手與藝術總監決定捨棄
照片改用插圖，如此一來便能凸顯該廣告最在乎的消費者利益，
即 Puffs 面紙是如何「溫柔對待鼻子」。插圖中小男孩的鼻子絕
對比在寫實照片中大得多，小男孩也比在照片中來得討喜，整體
廣告更能取悅消費者，也更有魅力。

　　我要學生將此雜誌廣告改編成 30 秒的廣播商業廣告，而且

規定廣告詞以十字為限。全班一片譁然，異口同聲高喊：「不可能！」當然我不為所動，堅持這麼做。這其實是有訣竅的，**祕訣之一是善用原始音效及狀聲詞**，例如「嗯」、「啊」、「喔喔」、「蛤？」等等，這替十字上限的規定找到解套辦法。

祕訣之二是把你的廣播插播廣告（電視廣告也是）**看成是則故事**，因此我們這裡講的是小男孩亟需解決感冒的故事，我們的「明星」——Puffs 面紙，才有挑大樑當男主角的機會。

而身為我們廣告配角的目標市場，身分需要確認。誰是 Puffs 面紙鎖定的目標消費者？答案是婆婆媽媽，家庭採買有 80% 以上是由她們負責，她們握有決定大權，是主要購買者，我們的廣告必須承認，提到如何照顧家人，婆婆媽媽最了解。

祕訣之三，既然 Puffs 廣告被當成是故事，就得遵照故事的要求，要有開頭、中間過程、結尾。拿 Puffs 廣告來說，這個故事以感冒問題開頭，接著是想辦法處理問題，最終問題由我們的主角 Puffs 面紙，以及不可或缺的綠葉——婆婆媽媽攜手解決。

我們就從這裡開始吧，運用我前面陳述的格式，賦予這個腳本血肉。我已在 50 多個班級做過這樣的練習，讓人吃驚的是，故事發展始終都很雷同。我們先幫廣告起個頭，照我們說的原則，廣播插播廣告一開始就放上令人印象深刻的音效，絕對錯不了，聽眾會不由自主受廣告吸引。

既然我們決定 Puffs 面紙的故事是以遇到麻煩作為開端，所以在這個例子，我會以驚人的打噴嚏聲拉開序幕，那不但讓聽眾豎起耳朵，也鋪陳出往後的情節，有感冒問題亟待解決。接下來小男孩從面紙盒抽出一張面紙，這裡要製造音效，然後他擤鼻涕，又是另一種音效。他擤完鼻涕後擦擦鼻子，我們聽到刺耳的

摩擦聲，就像是拿砂紙在搓揉鼻子一樣，從那兒開始我讓小男孩咕噥抱怨，發出一些狀聲詞。他擤了太多鼻涕，鼻子變得脆弱敏感，使用我們對手品牌的面紙只會讓小男孩更加淒慘，發出像「嗚嗚嗚」或「噢噢噢」的聲音倒是挺適合。

現在我們建立好這樣的背景，小男孩痛得唉唉叫，需要有人幫他一把，你看，目前為止我們一個字也沒用上！我讓小男孩又打了一次噴嚏，他難過到大聲哀號，該是我們用第一個字的時候了。小男孩哭喊著叫了聲「媽」，接著我們聽到遠處傳來腳步聲，門打開了，腳步聲越來越近，這一聲「媽」選在此時冒出，用意不言自明。我們一再在這裡揭露若干訊息，你看到了嗎？現在我們知道這是個小男生，唯有小孩子才會這樣呼喊媽媽。

此外，我們設定母親飛奔來解救自己寶貝的情節，讓她化身解決孩子問題的專家（這是每個當媽的首要之務，就算她是卡夫食品的執行長也不例外），這滿足了我們的需求。媽媽坐在床邊，心疼地發出「喔喔」給寶貝「惜惜」。注意這裡無需多言，否則顯得太生硬不自然，「喔喔」聲要合適多了也更寫實，因為它很原始，就和我們熟知的那些狀聲詞一樣。就在這個時候，我讓小男孩再向媽媽訴苦，求救似地喊了聲「媽……」，他在乞求母親伸出援手，此處我們又一次不靠言語，全憑自然原始的聲音。

沒有一個作母親的喜歡看到自己孩子受苦，即便只是小小的傷風感冒，她無論如何都要解救兒子，我們的品牌因而有了亮相的機會。媽媽口中只吐出「Puffs」，她務實的語調說明一切，透露出她是專家，減輕孩子的痛苦自有一套辦法，Puffs 是她夢寐以求，唯一能拿來擦兒子敏感鼻子的面紙品牌。想像一下，找

出適切的語調，一個字也能代表千言萬語。

接著，我們聽到從盒子抽出一張 Puffs 面紙的音效，小男孩又擤了一次鼻涕，這回不像對手品牌的面紙會發出刺耳的摩擦聲，Puffs 紓緩他鼻子的不適，撫慰他的痛苦，小男孩得救似地發出「啊哈」聲。媽媽只簡單說了句「添加乳霜」，就揭開兒子解脫痛苦的謎底，同時點出 Puffs 面紙給了消費者什麼好處——為讓面紙更輕柔舒適，加了乳霜在裡頭。面紙添加什麼東西，小男孩不怎麼在乎，他早就舒服到進入夢鄉，隨即我們聽到他輕輕打鼾的聲音，接著媽媽幫他蓋好被子，躡手躡腳離開，輕聲將臥房門關上。

不管是廣播或電視廣告都一樣，請「大明星」——你的品牌幫廣告結尾再好不過，所以我要播音員在這個節骨眼登場做總結，不讓媽媽或小孩再多說一句，以免有過分商業化之嫌。播音員僅說了句「Puffs，添加乳霜。」最後為了讓廣告呈現周而復始的感覺，並向婆婆媽媽這個目標市場重申消費者利益，我讓小男孩再次心滿意足地發出「啊哈」聲。

你看看，我們甚至用不到十個字，只需八個字就搞定！我們講了個很奇妙的品牌故事——我們解決小男孩身體不適的問題，把他的老媽塑造成英雄，而且你瞧，英雄對付問題的利器正是我們的品牌 Puffs。出色的廣播腳本就應該這樣，不會對你滔滔不絕猛噴口水，事實上它幾乎什麼都不說，沉默是金。

優秀的廣播腳本揪著我們的衣領，把我們拉進廣告世界，向我們訴說和婆婆媽媽切身相關的故事，幫我們品牌溫馨感性的氛圍向目標市場散播，而且我們的廣告只有短短 30 秒，用了區區八個字。簡直和變魔術沒兩樣，操縱我們最原始的本能，

以達到向我們推銷客戶品牌的目的，所有出色的廣告就是這樣施展魔法。

熱身練習一：把雜誌廣告改編成廣播廣告

現在輪到你一顯身手，比照平面廣告練習時的做法，我們也要利用現成的雜誌廣告。挑幾頁雜誌廣告，然後和我們拿Puffs面紙廣告小試牛刀一樣——將這些雜誌廣告改編成30秒廣播廣告，每個廣告的用字不超過十個。此十字為限的規定，迫使你借助音效及狀聲詞來說故事，保證你因此寫出精彩的廣播廣告文案，你筆下的場景、情境、故事確實打動你的消費者，你的廣告不能一廂情願對我們傳教，而是要勾勒畫面給我們看，就算我們的肉眼看不到，也能盡收在我們心靈之眼眼底。

破門而入，驅之不去的廣告歌

幾句琅琅上口的廣告詞搭配音樂做成的廣告歌，也是電台或電視廣告的特色之一。這些簡單、重複、小而美的廣告歌會直接闖入我們的意識，而且死賴著不走，所以想讓產品標榜的優點，在消費者心中留下難忘的印象，借助廣告歌是最最有效的方法。幫隱含消費者利益訊息的廣告詞配上音樂，在電台或電視播放，它會以開門見山或婉轉迂迴的方式傳唱，對消費者洗腦。

如果真是這樣，為何我們看到（聽到）廣告歌的頻率沒有想像中那麼高？原因就在於它們被看成是廣告不可或缺的中堅份

子，久而久之成了陳腔濫調，對於想創新求變的年輕文案寫手來說，廣告歌不能滿足他們突破窠臼的企圖。但我注意到情況正在改變，所謂物極必反，原本被嫌老梗過時的東西，在一片復古聲中又轉為新潮，這在廣告界屢見不鮮，那正是廣告歌的現況，我看到電視廣告和電台廣告又開始大玩廣告歌的老梗。

在廣播的全盛期——從 1950 年代中期到 2000 年左右，廠商偏愛用廣告歌拉攏 12 歲到 24 歲這個首要目標市場。每年夏天，可口可樂與百事可樂等飲料大廠都會發表全新廣告曲，電台與電視宣傳也圍繞廣告曲打轉。或許由廣告歌主宰的宣傳模式已不復見，但廣告歌仍是魔術師的百寶袋中很有效的操縱工具之一。寫一首好的廣告歌也要憑真本事，身兼數職的你除了寫文案的本分外，又將換上另一種身分，現在你搖身為作曲人，我們開始吧！

第一步是要將產品強調的消費者利益融入廣告曲，解答消費者「我能從中得到什麼？」的疑惑，以順口好記的對句形式表達，句子最好能用韻，在對句句尾押韻，要是你有二副對句，或許有各自不同的韻腳。現在消費者利益以讓人非常難忘的形式包裝呈現，**接著我們加入關鍵性要素——音樂**。替廣告歌作詞譜曲有一要訣，就是簡單明瞭，歌詞保持在一副或二副對句的長度，然後重複再重複。

別對重複這檔事心生反感，再怎麼說，大多數紅極一時的流行歌和搖滾樂都有這項共通點，稱之為「鉤子」（hook，當中某歌詞和曲調讓人印象深刻或能勾起記憶）。只要你的廣告曲有搔到癢處的 hook，就算廣告播畢結束，這首曲子還是會縈繞在消費者心中，久久不散。

　　我會把寫好的廣告歌詞拿到音樂公司，請裡頭的專業人才幫我譜曲（必要時也要求他們填詞）。有些會彈吉他或鋼琴的文案寫手索性自己譜曲，但這是少數例外，音樂才能足以和專業音樂人匹敵的文案寫手畢竟不多。我們智威湯遜廣告公司多請田納西州首府納許維爾（Nashville）的音樂公司幫忙，但與紐約、洛杉磯和芝加哥的音樂業者也有合作關係，端看我們創作的廣告歌類型來選擇合作對象。

　　一旦廣告主旋律決定好後，我們會嘗試流行樂、硬式搖滾、鄉村、藍調、饒舌等不同音樂類型來做變化，然後選擇適合特定音樂類型的電台播放。至於可以接觸到最廣泛目標市場的原始旋律，通常會用於電視廣告。

　　廣告歌還有很棒的一點，就是它們的多變性。你做了首 30 秒含歌詞的廣告曲，但大可將歌詞拿掉，在廣告中間安排播音員獻聲，稱為旁白（donut），亦即以音樂做開頭結尾，中間的空檔由播音員填補。電視廣告也能如法炮製──先用音樂把消費者吸引過來，中間穿插播音員旁白，最後以容易記住的對句畫下句點。

　　我幫吉列（Gillette）女用除毛刀 Daisy Shaver 寫過上市廣告的歌詞，我們時而用廣告歌貫穿整部廣告，時而只讓廣告曲在廣告開頭與結尾出現。採取後者做法時，當然音樂會從頭播到尾，只是將歌詞拿掉，以便在廣告中間穿插播音員的旁白。我已將完整的 Daisy Shaver 廣告歌詞，納入本書最後的附錄部分以茲說明。想像一下，如果僅將廣告歌詞最初與最後的對句保留，拿掉中間歌詞好讓位給播音員，這無論在廣播或電視廣告都稱作旁白。

押韻 × 旋律 × 簡單 × 重複＝勇猛有力的廣告曲

1970 年代我尚在智威湯遜任職時，智威湯遜整個多媒體宣傳就繞著如何寫出膾炙人口的廣告歌打轉。公司幫速食連鎖店漢堡王（Burger King）創作廣告主題曲，hook 是「美國的漢堡之王」（America's Burger King.），當然誰不曉得麥當勞（McDonald's）才是「美國的漢堡之王」，但正因為如此，漢堡王廣告隱含的消費者利益才會顯得這麼勇猛有力。

不過要知道的是，漢堡王的電視和電台廣告全基於那首主題曲而來，不管是在電視或電台，也姑且不論採用何種音樂類型，廣告歌扮演黏著劑的角色，將各種形式的宣傳活動整合起來。

說到利用廣告歌驅動整合宣傳，美國廣告代理商李奧貝納（Leo Burnett）更是箇中翹楚，以此聞名。「來自巨人谷，吼吼吼，綠巨人！」（From the valley of the Giant, ho, ho, ho, Green Giant!）（綠巨人玉米），「劈哩啪啦蹦……，米脆片！」（Snap, crackle, pop … Rice Krispies!）（家樂氏米脆片），你懂我的意思了吧！

我有這麼多愛不釋手的廣告歌例子可指引你，建議你上 YouTube 網站鍵入關鍵字「廣告歌」（advertising jingles），有些甚至可以回溯到 60 年前電視剛開播之時，聽聽這些廣告歌應該有不少啟發和收穫。保有你的「學生身分」，虛心研究這些廣告歌，問問自己它們得以發揮宣傳效果的原因何在，我想你會發現，這些廣告歌具備我在前面列過的特點——漂亮的押韻對句、琅琅上口的旋律、簡單明瞭，且重複再重複。

以下列舉幾個我愛用的例子幫你踏出第一步，它們在 YouTube 不難找到，只須將我列在這裡的曲目鍵入即可。

「有時你想要堅果，有時你不想。」（Sometimes you feel like a nut, sometimes you don't.）

——Almond Joy and Mounds 椰子巧克力棒

「但願我是奧斯卡梅爾香腸。」（I wish I were an Oscar Meyer wiener.）——奧斯卡梅爾熱狗（Oscar Meyer hot dogs）

「我迷上了 Band Aids，因為 Band Aids 黏著我。」（I'm stuck on Band Aids brand 'cause Band Aids stuck on me.）

——Band Aids OK 繃（Band Aids bandages）

「你今天該好好休息……就在麥當勞。」（You deserve a break today … at McDonald's.）

——麥當勞

「我想請全世界喝可樂。」（I want to buy the world a Coke.）

——可口可樂

「要有活力……就喝胡椒博士。」（Be a Pepper … Drink Dr. Pepper.）

——胡椒博士碳酸飲料（Dr. Pepper）

　　這些例子應會激起你的渴望，想寫出屬於自己的廣告歌。你自己也會發現數百個其他的例子，要研究就研究最好的。有朝一日你入行當了文案寫手，常為生出絕妙點子而陷入苦思，我希望你也想想怎麼創作出一首能傳唱大街小巷的廣告歌。文案寫手的百寶袋中，真正威力驚人的招數其實不多，最好的辦法就是標

新立異做另類宣傳，讓廣告唱給你聽！

熱身練習二：寫首廣告歌

我不是說過，自己曾幫吉列女用除毛刀 Daisy Shaver 寫過廣告曲，完整歌詞附在本書後頭，但不要急著現在看，你何不先就我們既有的方案動手做練習？掌握 Daisy 除毛刀的文案要點，將其改編成廣告歌。你可以照自己想要的旋律曲風來寫，使用相當於音符的音節間斷（syllable breaks），這對你有幫助，例如「快樂」有二個音節，每一音節應該都有一個音符對應。此外我提過，歌詞寫成句尾押韻的對句，好記又有趣。

我想你也發現到，就和寫詩一樣，將廣告歌詞以詩節方式呈現的話，寫歌詞可以很輕鬆寫意。Daisy（雛菊）這個品牌名稱和花有關，你大可引用與花沾上邊的事物，Daisy 為你帶來很多可能性。好好思考一下，這個提示絕對讓你受用無窮，我就曾大加利用一番。

OK，假設要你替 Daisy 除毛刀寫一首 60 秒廣告歌，客戶的產品特色結合消費者利益要求得融入進去，強調產品的安全性。完成之後，你再去看看我於本書附錄部分附上的歌詞。我就給學生出過這樣的習題，他們的成果就算沒有比我出色，也有不錯的水準。

Daisy 有雙層刀片可貼近皮膚除毛，但很安全。（Daisy has twin blades that shave close, but safe.）

Daisy 刀頭採曲線設計，除毛無死角。（Daisy has a curved

head, so you can see where you're shaving.）

Daisy 除毛刀完全一次性設計，用完即丟。（Daisy shavers are completely disposable.）

Daisy 除毛刀一盒二支裝。（Two Daisy shavers come in each package.）

Daisy 除毛刀有安全小握把設計，淋浴除毛也安心。（Daisy's handle has tiny grips for safe shaving in the shower.）

Daisy 是第一把專為女性設計的除毛刀。（Daisy is the first shaver designed expressly for women.）

寫「影像」而不寫「對白」：電視廣告文案

金句讓你致勝，選錯類型讓你悲憤

　　廣告文案寫手還有一個舞台能施展身手——擔任電視廣告的編劇和製片人。製作電視廣告時，你的「影片」長度只有 30 秒，客戶的品牌就是你的「明星」。電視廣告就像是部微電影，涵蓋劇情片的所有構成元素，拍攝、剪輯、音樂、樂譜、劇本、演員和特效。

　　如同廣播廣告，別忘了電視廣告最終仍是一個「故事」，關於客戶品牌的故事，以及該品牌對目標客戶的生活有多麼重要。任何讓故事生動誘人的元素都可以應用在這裡，像是戲劇性、幽默、悲傷、動作和幻想等等。和所有故事一樣，廣告也必須有起承轉合，有開頭、中間和結尾部分。

　　要在廣告內說故事，必須先了解電影的語言。是的，電影是一種語文，就像法文、義大利文和西班牙文。這種語言讓我們透過電影影像，產生與其他人相同的感受和想法。在寫出絕妙的電視廣告文案之前，必須先了解這種語言。

147

　　故事性電影的歷史大約只有 110 年，在此之前，電影只是記錄眼前影像的怪東西。早期的製片將攝影機完全固定住（因為影片曝光速度非常慢，即便輕微的晃動都會造成影像模糊不清），然後就只是拍攝眼前的畫面，有可能是一匹馬在攝影機前奔馳而過，或是一個人做了什麼驚人之舉。電影剛問世時是一種新奇的玩意，光是這樣的內容就足以滿足觀眾的好奇心，但觀眾很快就失去新鮮感，開始想要更多——更多故事情節、更多視覺衝擊，以及更多動作。

　　大約在那個時候，電影語言出現一個不可或缺的要素，這項重要的技術讓電影成為今日所見的藝術形式。你能猜猜是什麼嗎？我曾經在課堂上問學生相同的問題，只有少數幾個人猜到正確答案。我先賣個關子，沒有這個要素，電影就不能成為語言，也講不了故事，這種手法已經眾所周知，雖然電影我們從小看到大，但幾乎不會注意到這個手法。

　　猜得到嗎？好，我告訴大家答案，就是剪輯，也有些人將它稱為剪接。最初稱為剪接因為 110 年前，製片真的是從不同場景剪下兩段影片，再將電影膠片黏接起來，也就是接片。現在的電影技術都已經走向數位化，但還是需要剪輯技術，雖然不是剪接實體影片，但本質仍然不變，它讓今日的電影成為超強的說故事工具。

　　愛德溫·波特（Edwin S. Porter）執導的電影《火車大劫案》（*The Great Train Robbery*），率先使用剪輯技巧而留名影史，但我猜想許多早期的製片都曾經試著剪接影片。我相信製片對於只能將攝影機固定在地面上防止影像模糊，以廣角和遠景鏡頭單純記錄影像，一定感到相當灰心，因為他們錄下事情的發生經過，

但沒有說出故事的來龍去脈。

波特發現，如果能用較近的距離拍攝演員，相信更能讓觀眾融入故事情節。當演員演出哭泣、尖叫、接吻或奄奄一息之類的重頭戲時，將遠景鏡頭剪接至近距離特寫，可以讓觀眾直接和演員四目相對！這是現場表演永遠做不到的事，不管你買的位子有多好。電影首次透過剪輯技術講故事，鏡頭從廣角拉到臉部特寫，這種前所未見的手法讓觀眾瞠目結舌，甚至起雞皮疙瘩！現在製片能利用剪輯技術來說故事，不再只是單純地拍攝影像。就意義上來說，早期的製片和觀眾都已經發現電影的語言。

剪輯技術問世後，當影像出現在腦中並說起故事時，試著問自己為什麼。你肯定會發現，全是因為影片剪輯的效果，你的內心開始剪輯影像，組合的影像構成一個故事。就電視廣告而言，這些故事是關於客戶的品牌，它讓我們哭，讓我們笑，讓我們悲傷、快樂和震驚，這也是為什麼電視比其他廣告手法更能塑造品牌個性。其他廣告工具都有受限之處，但電視一應俱全，影像、色彩、聲音、音樂、表演、音效和廣告歌應有盡有，還有最重要的——**消費者腦中剪輯的力量，它不僅傳達消息，還能遊說，甚至操控消費者。**電視廣告是文案寫手最有力的品牌宣傳工具，現在讓我們一同揭開文案高手的勸敗祕訣。

你該寫的是「影像」，而不是「對白」

所有絕妙的廣告都來自視覺感受，平面廣告若視覺上賞心悅目，它成為好廣告的機率高達 90%。先前討論過如何視覺化思考，就算是電台廣告也應如此。現在我們要學習如何在看電影

時，也就是看電視廣告時，做到視覺化思考。你可能覺得這完全不需要花腦力，但想想如果電視廣告沒有視覺影像，只是用文字、文字、文字和更多文字告訴你它賣什麼，相信你就能了解視覺化思考的必要。許多廣告並沒有「展示」給觀眾看，只用「說」的，這些廣告注定要失敗。

大多想當文案寫手的學生都想寫電視文案，如同平面和電台廣告，電視廣告也有它的原則。

首先，別用「說」的，「展示」給我看，用行動定義角色。電視廣告和電影一樣有許多角色，其中之一為品牌。角色用行動來告訴觀眾他們是誰，而不是用口說。我在課堂上會用一個例子幫助學生了解行動的重要性。假設我在一棟失火的房屋二樓大聲呼救，第一個人在前往火車站的路上聽到我在求救，他心裡想著「真糟糕」，但一邊看著手錶，沒有停下腳步，繼續往前走。第二個人也覺得「真糟糕」，並繼續往前走去趕火車，不過他打了119。最後，第三個看到我的人丟下公事包，匆匆脫下外套和解開領帶，衝向房子來協助我脫困。依據我的敘述，你能告訴我對這三個人的想法嗎？第一個人是個自私的混蛋，第二個人雖然自我中心，但至少還擁有身為一個人的基本良知。第三個人則是個大英雄，這就是行動定義角色。

電視用影像來敘說故事，文字幾乎只是附帶性質。我告訴學生把電視廣告文案當作在為靜止的圖像寫說明，因為「一張圖片勝過千言萬語」，而電影又讓效果加倍，但千萬別「畫蛇添足」。學生在寫電視廣告文案時最常犯的錯誤之一，就是寫得太過冗長。視覺幾乎就能說明一切，文字只是填補空白。

用看似無關的影像片段，更能刺激消費者

先前第 5 章提到，**不能馬上看出前因後果的「不連貫」視覺影像，會彷彿有強制力一般，就像是揪住消費者的衣領，將他們的目光帶到影像之上**。現在要將該技法延伸至電影。人類總是在尋找連貫性，而非不連貫性，拚命要讓事情合乎情理。在寫電視廣告文案時尤應記住這點，因為你可以將兩個沒有關聯的影像放在一起，但消費者的人類本能會驅使他們找出兩個影像之間的邏輯關聯。

本書的開頭提到刺激和反應，接下來要解釋該原則如何應用在電視廣告領域。消費者看廣告時最高興的一刻是讓他們尋找關聯性，所以向他們展示一些不連貫的影像，他們會無法抑制地為不相干的東西找到共同點，此時你已經成功創造出與消費者的雙向交流，即便沒有實際與消費者本人接觸。所有溝通甚至是大眾傳播都需要相互回應，才會有作用。當你給予消費者刺激，也就是無關聯的影像，他們便知道必須給你回應，也就是找出關聯，這就是在大眾傳播領域用人為方式創造的雙向溝通。

想在電影應用上述原則，可以創造出一連串前後不太連貫的影像，迫使消費者回應你提出的刺激，也就是你的電視廣告。非線性的影像是激發消費者參與的好辦法。他們心裡深深覺得要把無關聯變成有關聯，決心「撥亂反正」。察覺消費者內心有這麼一股強烈的欲望後，將它轉化為電視廣告的操控利器，並成為所有廣告的致勝法寶。

五個步驟構思完美電視廣告腳本

1. 研究深得你心的廣告和劇情片。前文曾提到，廣告無所不在，因此研究廣告並不費力。時時保持學習心態，從現有的資源學習。告訴你一個祕訣：差勁的廣告和雋永的廣告，能給你一樣多的收穫。找出被你評斷是「差勁」廣告的原因，我賭這一定是「用文字而不是影像來說故事」，就好像是電台，喋喋不休地說個沒完，只有口說，沒有展示。

格言「光說不練」（words are cheap，文字廉價之意）在廣告世界裡千真萬確，但意思不太相同，說它廉價是因為說完後沒有人記得住。影像能留在消費者心中，默片是用影像說故事最奇特的例子。或許沒有幾個人看過默片，但這是學習用影像說故事最好的方式。我個人相當喜愛默片，我常去的公共圖書館有一些經典默片，像是卓別林（Charles Chaplin）、基頓（Buster Keaton）和其他大師的喜劇作品。你也能在線上找到幾部默片，不論從哪裡找到，欣賞默片是很有意義的學習經驗。喜劇默片是用影像說故事的高手，當然，所有默片都會搭配標題字幕，但喜劇的標題字幕最少，觀眾用看的就能心領神會。默片也印證我的金句：「別用說的，展示給我看！」

2. 習慣在腦中創造影像。在把影像寫成廣告腳本之前，必須在腦海裡先把影像演練過一遍。我寫過四部兩小時長度的電影劇本，每個劇本約有半數以上的篇幅在描繪視覺動作，而不是對白。大部分的工作都是在構思人物動作，接下來才是寫下腦海裡「看」到的影像。電視廣告也是一樣，先想好內容再下筆。

3. 構思過程絕對不想文字。專注於出現在腦海裡的影像，再將它們連接成故事。如果這時文字偷偷溜了進來，請記得用力緊閉心門，將文字隔絕在外，別用文字思考，用影像來構思故事。在腦中一次又一次播放你的廣告，更動影像次序，增添新的影像進來，淘汰無趣的部分。此時文字是多餘的，文字是所有出色廣告的敵人，特別是電視廣告。練習不用文字來說故事，只看心裡的影像，再將這些影像描述在紙上。

4. 準備好去寫些實際的廣告腳本。和電台廣告一樣，腳本的文字越精簡，廣告也就越能引人入勝，這條鐵律永遠不變。撰寫廣告腳本的任務非常單純——視覺化思考，絕不要用言語思考。這裡有個方法能幫助你：我的學生開始寫電視廣告時，我規定他們不能用口語詞彙。你也可以試試這個辦法，我知道這可能讓人手足無措，但卻相當有效。它會逼迫你用影像而不是文字來寫腳本。我只讓學生在廣告結尾寫一句話當作標題或是圖像的疊印（superimposed），我把它稱為「致勝金句」，整支電視廣告成功與否全看這句話。

致勝金句應該要讓消費者豁然開朗，消除觀眾對廣告故事的疑惑，或是帶來畫龍點睛的效果。致勝金句實際上和平面廣告的標題差不多，前文提到標題有兩個重點：第一，承諾為消費者帶來品牌利益；第二，用巧妙、令人難忘並有創意的方式來實現承諾。致勝金句也應該如此。

5. 練習前四個步驟，練習再練習。你現在沒有修我的課，必須自行多加練習，我沒辦法在後頭驅策你前進。你已經摩拳擦掌要寫電視廣告文案，就和先前要做平面和電台廣告一般蓄勢待發。

有很多方法能練習這幾個步驟：首先，挑一個你不喜歡的廣告，單純利用影像讓它脫胎換骨。第二種方法是選一個你欣賞的廣告，用在下次的電視廣告活動，稍後的章節會說明廣告活動。我可以說下一個電視廣告應該和你欣賞的那個相去不遠，但還是會有足夠的差異性來抓住消費者的注意。第三種方法是找一個雜誌廣告，如同先前在電台廣告練習過的方式，單純利用影像和結尾的致勝金句，把它「翻譯」成電視廣告。上述方法的重點在於練習和磨練技巧，在進入本書結尾的全面性廣告行銷活動之前，先準備好電視廣告文案的經驗。

你練習的電視廣告文案需要多達數百個，因為古語有云：「熟能生巧。」更重要的是，除了單純地寫腳本，最好能為廣告的初步分鏡圖（storyboard）充實細節內容。稍後我會詳細解說分鏡圖，現在提出來是要告訴你，分鏡圖能幫你只用影像來說故事。製作分鏡圖不需要具備藝術天分，用簡單的火柴人圖即可，只是讓你做練習而已，而且這些練習只是給自己看。分鏡圖協助你將腦中個別的影像，編織成一系列說故事的影像。

影音強化：為畫面量身打造廣告短文

用上述的方法練習過電視廣告後，接下來我要提高難度了。第 5 章提到，平面廣告的正文實際上是一則有說服力的短文。客戶，甚至是你的廣告總監，對廣告正文只有一行字通常會感到不習慣。客戶或許自以為其品牌有「獨特銷售主張」（USP），需要更多內文帶出其精華。

換句話說，他們希望看到更有「賣點」的廣告正文，當

他們這麼要求時，你不必覺得世界末日降臨。如果你的任務是要讓整個廣告都看得到文案要點，請保持文字簡潔洗練。廣告中添加的文字或詞彙都是為了強化影像，也就是影音強化（audio-video reinforcement），這也是最適合使用強烈勸說技巧的廣告類型。**影音強化是指用合適的文字或詞彙對應到適當的視覺影像，這是將平面廣告的迷你勸說文字應用到電視廣告的方式。**

我做過的一支廣告，十分適合用來解釋影音強化。全球首屈一指的工作手套製造商 Wells Lamont，新推出一款名為 Grips 的真皮工作手套，最大的賣點就是全球首款有彎曲手形的工作手套，容易抓握不鬆脫。視覺上，我們需要在廣告詳細介紹產品特性，以下是電視廣告鏡頭的部分：氣勢磅礴的音樂一下，手套由螢幕下方升起，Grips 手套神奇地和人的手形完美吻合，戴著手套的手轉向側面，讓大家看到車縫線順著手套獨特的彎曲弧形，最後戴著手套的手突然從空中抓住一根繩子，接著「Grips，來自 Wells Lamont」字樣疊印在手套上。現在將這個視覺畫面留在心裡，以下是我寫的文案，我想你一定能把下面的文字配合到剛剛描述的視覺影像上。

> 人的手不是平的，它有弧度，現在終於有一款符合手形的手套，來自 Wells Lamont，全球唯一採用專利彎曲設計的多功能手套，輕鬆抓握不鬆脫。Grips，來自 Wells Lamont。

上面這段正文多麼精簡，用簡單又有邏輯的方式，說了一

個很有說服力的故事，這個使用影音強化技巧的典型範例，用文字強化我們視覺所見。高度介紹性的視覺與引人注意的音樂和旁白完美融合，帶來雙倍的廣告說服力，這會是你將來最常接觸的廣告類型。此類主打商品特性的廣告，並不代表它們很無趣，沒有娛樂價值，所有的廣告都需要具備娛樂價值，Wells Lamont 的廣告藉由戲劇性和簡單，直接帶來商業樂趣。

現在我要將任務升級。你已經學會用影像和一句結尾的致勝金句說故事，並寫了數百個電視廣告，現在練習寫出像是 Grips 的廣告文案，想出讓人視覺印象鮮明的故事，並利用正文加強視覺影像，讓消費者對商品無法抗拒。

將所有元素加進腳本裡：電視廣告腳本範例

懂得如何視覺化思考後，現在應該了解用來表達想法的腳本的正確格式。電視和電台廣告都有一定的腳本格式，有別於電台廣告水平式的呈現方式，電視採取分頁式的格式。下下頁為腳本格式範例，我將逐項解釋並說明其功能和原因。

如你所見，電視廣告腳本垂直分成左右兩個部分，左半部包括鏡頭指示，右半部包含聲音指示和對白。聲音部分較為單純，也和電台廣告有許多相似之處，兩者皆使用相同的基本術語，例如 SFX 代表音效，音樂和歌詞的處理方式也如出一轍。有一點不一樣的是，你必須要在腳本註明電視廣告的演員有沒有入鏡，他們是在鏡頭內對嘴（lip-sync，LS）或是擔任鏡頭外的旁白（VO）。若在演員名字後頭寫下（LS），即是告訴腳本讀者演員有入鏡，在鏡頭內對嘴。

　　鏡頭這部分可能會有很多你不熟悉的專業術語，我會逐一說明。腳本是以文字描述電視廣告，你必須將心裡所見轉為文字敘述，讓別人也「看見」相同影象。也就是說，你需要用電影製片的角度來思考，而你的作品是一支 30 秒的迷你短片。

　　電視廣告的腳本和稍後會說明的分鏡圖腳本，不必鉅細靡遺地包含每一個鏡頭或場景，如此會顯得太過囉嗦和雜亂。寫進腳本的都是關鍵的鏡頭或場景，這些主要畫面向腳本的讀者說明廣告會如何呈現。為了讓讀者看到的場景如你所描述，你必須利用專業術語來敘述各個鏡頭，以及如何從一個鏡頭進入下一個。以下是最常使用的鏡頭基本術語。

　　首先，必須告訴讀者要利用哪種鏡頭拍攝電視廣告，LS代表遠景（long shot），或是用 WS（wide shot）寬景代替，MS 係指中景（medium shot），CU 則為特寫（close-up）。這些術語可讓讀者了解，文案寫手構想的電視廣告如何開拍。

　　至於如何從一個場景進入下一個？最常使用的場景轉換手法是剪輯，本章開頭已向各位說明剪輯的重要性。腳本裡只要簡單地寫下「以遠景開始拍攝教室內的學生」即可，接著可以跳過幾步，寫下「特寫帶到粉筆畫過黑板」等等，直到所有的重要場景都進入腳本。

　　一支 30 秒電視廣告的腳本不應超過一頁。這些鏡頭或場景都有其代表性，只需要足夠的鏡頭向讀者交代廣告如何呈現。諷刺的是，腳本越長越詳盡，就越難呈現你心中構想的廣告，因為腳本太具體或篇幅太長，越容易模糊焦點，讓讀者迷失方向。所以只要用幾個鏡頭代表廣告，同時保持簡潔即可。

電視廣告腳本樣本

客戶：Wells Lamon　　編號：W-L002

標題：Grips 手套　　時間：30 秒

鏡頭	聲音
1. 中景：人手由螢幕下方升起。	1. 氣勢磅礡的背景音樂。
2. 手移動到螢幕中央。	2. 播音員（很陽剛的男聲、畫外音）：人的手。
3. 鏡頭拉近至手部。	3. 播音員：不是平的，它有弧度。
4. Grips 手套和人的手形完全吻合，此時鏡頭慢慢淡出。接著鏡頭慢慢淡入戴著手套的手，位置由垂直移至水平。	4. 播音員：現在終於有一款符合手型的手套。
5. Grips 字樣疊印至畫面，戴手套的手向旁邊移動，移出鏡頭。	5. 音效：Grips 出現時搭配音效。 播音員：Grips，來自 Wells Lamont。
6. 疊印「彎曲」順著手套的彎曲弧形，並用虛線強調車縫線。	6. 音效：沿著彎曲弧形出現虛線。 播音員：全球唯一採用專利彎曲設計的多功能手套。
7. 戴著手套的手突然抓住進入畫面的一根繩子。	7. 音效：抓握繩子時搭配音效。 播音員：輕鬆抓握不鬆脫。
8. 抓住繩子的手靜止不動，旁邊疊印「Grips，來自 Wells Lamont」。	8. 播音員：Grips，來自 Wells Lamont。

　　有時，上述幾個基本術語就能幫你完成腳本，但很多時候你需要表現更慢速的場景變換。舉例來說，剪輯是從一個鏡頭快速進入另一個鏡頭的唯一方法，也有一種稱作溶接（dissolve）的手法，就是兩個相連的場景中，前一個鏡頭慢慢淡出，第二個鏡頭接著淡入重疊其上。目前所有的溶接都以數位處理，以前實際在膠捲上執行時，必須在腳本註明「短畫面」（short cut），代表只用 8 張畫面做淡出和淡入，「溶接」代表標準的 12 張畫面，「長溶接」（long dissolve）代表相當長的溶接，可能多達 36 張畫面。

　　你可能會發現老電影換鏡頭的速度非常慢，部分原因是那時的觀眾還不懂得電影的語言，不像現在。電影是新的語言，製片必須放慢腳步，逐字述說故事。所以你會在老電影看到超長的溶接，告訴觀眾一段很長的日子過去了，你可能看過電影用日曆一頁翻過一頁表示時光流逝。如今溶接技術已經不常使用，更常利用的是剪輯或是跳接（jump cut）來轉換場景，因為觀眾都已經明瞭電影的語言。

　　其他可以加進腳本的細微場景變換，還包括在同一鏡頭攝影機的移動，一般的移動方向是推進（dolly in）和拉遠（dolly out），例如「攝影機推至教室，鏡頭停在講師」，或是「攝影機拉出教室，推進大廳，再拉出大樓」。你會發現這裡有不只一個鏡頭，不只是遠景或中景，因為攝影機在移動。文案寫手必須將這些寫進腳本，好讓讀者了解全貌。

　　其他術語包括左搖（pan left）和右搖（pan right），用橫搖（pan）來表示攝影機由左至右或由右至左平行移動。所以腳本讀起來應是「攝影機左搖至中景到學生抄筆記」。如果你希望

表達攝影機上下垂直移動，使的術語是「直搖」（tilt），例如「攝影機向上直搖拍攝水從天花板滴下」，或是「攝影機向下直搖拍攝學生打著光腳」。最後一個緩慢變換鏡頭的手法是變焦（zoom）。

變焦與推移（dolly）或稱推軌鏡頭（tracking shot）的差異在於，推移是攝影機實際前後移動，而變焦則否，攝影機固定在地面，鏡頭變焦對著場景內的物體。推移和變焦的效果和感覺大不相同，變焦更為戲劇化而且非常吸睛。相較之下，推移的鏡頭變換更為細微且自然，不會像變焦一樣馬上吸引外界注意。再提一次，以上的製片工具可讓你展示你的電影語言，在寫腳本時必須審慎思考，究竟想為觀眾帶來哪種鏡頭效果。

還有一些比較少用的鏡頭，像是升降鏡頭（crane shot）、從直升機拍攝和水中鏡頭，它們有一個共通點，就是拍攝成本所費不貲。但也沒有關係，現階段就要和現實妥協還過早。放手一搏，寫出心中所見的電視廣告腳本，讓客戶、創意總監、電視廣告主任或其他人把你帶回現實。

用創意想像不可能，再讓專業把它變成可能

我最喜歡的廣告之一歐仕派，其文案寫手和藝術總監也支持這個方法。這支廣告從一個人在淋浴開始，接著他出現在船上，然後馬上坐在馬背上，一鏡到底。他們想出絕妙的點子，至於如何拍攝就交給製作公司處理，這種態度值得學習。我都告訴學生，有了電腦影像（Computer-Generated Images，CGI）後，任何天馬行空的想像都能實現，唯一的問題是要砸多少錢。讓你

的想像力自由馳騁，別讓疑慮限制你的創意。

就我個人擔任文案寫手的經驗來談，我是一名重度視覺化思考者，我設計的許多視覺畫面常讓製作公司、攝影師和藝術總監不知如何實現。我曾經替美國癌症協會做過電視廣告，該協會推廣乳房 X 光攝影為乳癌的第一道檢測。最初只是為協會做平面廣告，客戶讚不絕口後希望我將它變成電視廣告，但是要怎麼執行？

最終，藝術總監夥伴和我想出以極慢速的鏡頭，拍攝一滴墨水向下滴，然後落在一張白紙上面，最後將鏡頭拉遠，讓大家清楚看到那個點有多小，證明乳房 X 光攝影能比自我檢查更早發現乳癌。一開始我們找不到導演能拍攝這支廣告，過去不曾用極度緩慢的速度拍攝，慢到可以捕捉到一滴墨水從空中滴落。我們原本以為得把這個鏡頭刪掉，結果助理製片找到一名曾拍攝過超慢動作的劇照攝影師，我們決定要碰運氣請他拍攝，最後呈現出來的結果令人十分滿意。

這支廣告開闢了技術新天地，但拍攝過程卻相對乏味無趣，捕捉極慢速的動作得用超高速度拍攝，每個鏡頭會用掉一整盒底片，但拍攝時間卻只有短短幾秒鐘。接著得再打開、重新裝填另一盒底片，這些動作一再重複。大約拍攝 100 個鏡頭後，終於得到足夠的連續鏡頭，可以在 30 秒的廣告展示墨水滴落。拍攝過程花了整整十個小時，拍完甚至不知道會不會白費心血，直到第二天放映連續鏡頭時才覺得苦盡甘來。

上述這種情況挑戰供應者（supplier）的極限，供應者或賣家（vendor）係指自由工作者的代理機構，接受客戶委任的工作，不過代理機構並未聘雇專業人員，像是廣告總監、攝影師、插畫

家、電影影像專家和印刷人員等等，名單可以有一長串。代理機構若聘雇專業人員擔任全職員工，成本可能不堪負荷，因為不是每天都需要他們提供專業服務。代理機構可能讓數名自由接案的專業人士競標同一份工作，再把工作交到能提出最佳成果，且價格最合理的專家手上。

由此可見，身為文案寫手，你和藝術總監夥伴需要和供應者建立好關係，同時將他們的創意和技術推向極限。最傑出的供應者也會希望接受考驗，他們渴求新的挑戰。不這麼想的供應者，那麼沒有也罷。大家都想要和會鼓勵人多做嘗試的供應者合作，而不是處處設限，讓你做事綁手綁腳，所以，勇於作夢！我的經驗是，某處總會有人可以把你的想像轉化為實際。

強化畫面的關鍵推手：疊印 vs. 標題

加在電視廣告畫面上的文字或廣告語，稱為「疊印」，而未伴隨影像獨立出現的文字或廣告語，則是「標題」。電視廣告常使用疊印，客戶十分喜歡螢幕出現文字或廣告語時，品牌名稱也一同入鏡。這就是所謂的影音強化，是廣告業用來溝通和說服消費者的典型技巧之一。溝通理論理當越簡單明瞭、越吸引人越好，如果讓消費者眼見和耳聽的訊息一致，鼓吹消費者購買的術語也會讓人牢牢記住，提高說服力。

影音強化也適用於標題。有別於疊印，標題讓文字或廣告語單獨登上螢幕，沒有輔佐任何視覺影像。消費者聽著鏡頭外旁白的聲音（畫外音），同時看著螢幕上的標題，這樣強烈的戲劇效果令人印象深刻。如果使用得當，標題與疊印能帶來相同的效

果。將鏡頭直接剪輯到標題，而不是利用疊印，則讓廣告更戲劇化也更引人注意。捨棄影像旁邊的疊印文字或廣告語，能讓畫面簡潔明瞭，更能凸顯標題。

選擇使用疊印或標題，或是皆不使用，是電視廣告文案更細微的表現方法，文案寫得越多越能發現其中精髓。我們的工作完全取決於膽識，而不是頭腦，當經驗越來越豐富後，你會直覺知道哪種手法用起來效果最好。沒有方法能取代練習，前文提過做電視廣告文案的暖身練習時，別用口語文字，在廣告結尾使用疊印或標題，以視覺化的方法表達你的致勝金句。

協助想像成果的重要工具：分鏡圖

在廣告快要呈現給高階主管或客戶之前，腳本是文案寫手和藝術總監的工作核心。過程中藝術總監可能會畫出非常粗略、只用到黑白兩色的分鏡圖，向創意總監或執行創意總監呈現廣告構想，原因在於就算只是在電腦上繪圖，複雜的分鏡圖也會花去藝術總監太多時間。對代理機構而言，時間就是金錢（這筆錢最終是客戶埋單），這個階段越不花錢越好。

簡略的分鏡圖也能產生效果，分鏡圖是文案寫手和藝術總監將腦中的廣告影像進一步視覺化的結果，把腳本的主要場景實際轉化為視覺影像，讓腳本進入下一個階段。

我任職智威湯遜廣告時，公司有五位插畫師，他們負責將粗略的分鏡圖變成藝術總監所要的彩色版本，成為細心描繪的「傑作」。每一位插畫師各有擅長的領域，有人專精食品分鏡圖，像是負責卡夫食品；有些人為潤絲精和刮鬍刀等個人清潔用品畫

分鏡圖；還有人專精描繪人的臉部表情，不論悲傷、微笑或是大笑，皆能讓廣告中的人物栩栩如生。這是一門真實的藝術，有些分鏡圖畫得維妙維肖，客戶一看就愛不釋手，但實際拍攝成電視廣告反倒讓客戶大失所望，心情跌至谷底！不要輕忽這個問題，有些藝術總監會將現成的畫面重新編輯，配上新音樂，而非採用傳統的分鏡圖，這會使問題更加嚴重。

此類「舊酒裝新瓶」的廣告，分鏡圖實際上是照片而不是手繪圖，有時甚至根本沒有分鏡圖，廣告是由電影、其他廣告或電玩遊戲片段構成，而非文案高手和藝術總監想出的內容。這種廣告手法之所以存在，是因為現成內容更準確反映文案寫手和藝術總監的想法，也更能說服高階主管或客戶接受這支廣告提案。廣告越緊湊，客戶愛上這支廣告的機率也越大。一般來說，分鏡圖是以專業手法呈現廣告，不應該是一幅獨立的藝術作品，小心別讓分鏡圖喧賓奪主，搶走廣告的風采。

分鏡圖的目的是協助客戶想像電視廣告成品。文案寫手和藝術總監擅於將腦海中的廣告構想視覺化，但除了廣告相關人員外，甚至是創意部門以外的人並沒有這種技能，他們需要協助，分鏡圖能助他們一臂之力。如同腳本，不必將每個鏡頭或場景畫成分鏡圖，先前提過只需將重要場景視覺化，重點鏡頭便能呈現整支廣告的構想。廣告越複雜，分鏡圖的主要畫面也會越多，但也不是毫無節制，不然分鏡圖會變得太複雜荒謬。

如果廣告本身很複雜，最好將分鏡圖簡化，同時向客戶展示一個或數個廣告的片段，說明完整廣告會如何呈現。依照這個邏輯，我認為廣告分鏡圖最少要有六張，最多為 12 或 13 張。這是依據自身經驗得出的結論，雖然有一點武斷，但仍可作為參

考依據。

　　文案寫手和藝術總監除了共同完成廣告腳本，也會一起製作分鏡圖。這是團隊工作，優秀的代理機構其文案寫手和藝術總監都是並肩合作。部分藝術總監也涉獵電台廣告，先前章節提到，自 1960 年代末期開始便如此，多數人認為這樣會帶來更出色的作品，也就是說，文案寫手和藝術總監互為表裡，完美搭配。

　　文案寫手和藝術總監共同完成分鏡圖，藝術總監在畫分鏡圖草圖時，文案寫手通常會在旁觀看，並適時提供意見。這個過程牽涉到許多相互讓步，好比打一場心理上的網球賽，雙方一來一往，相互為對方提供靈感。有時甚至會難以分辨這個點子是誰、如何或何時想出來的，全都混在一起了，這就是合作關係。兩人共榮共損，最重要的是激盪出最引人入勝的作品。

　　現在來談談分鏡圖的格式，下面附上三個範例格式。任職智威湯遜廣告時，我們傾向將分鏡圖水平呈現，一個分鏡表有六個畫面，上面三個下面三個。分鏡圖也可以垂直陳列，有兩種呈現方式，畫面置中，畫面左側放鏡頭說明，畫面右側是聲音說明和台詞，就像是分頁式的腳本格式，先前提過的腳本原則都適用於分鏡圖。

　　另一個垂直呈現分鏡圖的方法是將畫面全都放在左側，鏡頭和聲音說明都在右側。若分鏡圖水平呈現，畫面就是由左至右、從上至下排列，畫面下方先是鏡頭說明，接著才是聲音說明。水平式的分鏡圖配上完整的鏡頭和聲音說明，垂直式的分鏡圖只列出前四個畫面，相信就足以讓你了解運作流程。

水平式分鏡圖

（圖）	（圖）	（圖）
鏡頭 中景：三支無聊的鉛筆。 **聲音** 音效：鼾聲 女鉛筆嘆氣（長景）：我的人生真乏味。	**鏡頭** 其他兩支鉛筆被女鉛筆嚇醒。 **聲音** 女鉛筆（長景）：我看到犀利先生。	**鏡頭** 切到削鉛筆機犀利先生的特寫。 **聲音** 女鉛筆（畫外音）：自動無線削鉛筆機，來自 Sunbeam。
（圖）	（圖）	（圖）
鏡頭 切換至女鉛筆跳進犀利先生。 **聲音** 女鉛筆（長景）：犀利先生開工了。 音效：犀利先生削鉛筆聲。 女鉛筆（長景）：噢～	**鏡頭** 女鉛筆跳出犀利先生。 **聲音** 女鉛筆（長景）：自動停止。	**鏡頭** 女鉛筆深情地看著犀利先生。 **聲音** 女鉛筆（長景）：因為無線，我可以隨時隨地讓自己犀利一下。
（圖）	（圖）	（圖）
鏡頭 切換至女鉛筆和犀利先生在家。 **聲音** 女鉛筆（長景）：在家。	**鏡頭** 切至女鉛筆和犀利先生在辦公室。 **聲音** 女鉛筆（長景）：在工作。	**鏡頭** 切至女鉛筆和犀利先生在學校。 **聲音** 女鉛筆（長景）：或是在學校。

（圖）	（圖）	（圖）
鏡頭 女鉛筆在犀利先生身上打上蝴蝶結。 **聲音** 女鉛筆（長景）：送禮自用兩相宜。	**鏡頭** 特寫：女鉛筆給犀利先生一個熱情的吻，螢幕跳出一顆愛心。 **聲音** 音效：親吻聲 女鉛筆（長景）：他讓我更犀利。	**鏡頭** 切換至中景女鉛筆和犀利先生，女鉛筆寫下：「犀利先生，來自 Sunbeam。」 **聲音** 播音員（畫外音）：犀利先生，來自 Sunbeam。

垂直式分鏡圖之一

鏡頭 中景：三支無聊的鉛筆。	（圖）	**聲音** 音效：鼾聲 女鉛筆嘆氣（長景）：我的人生真乏味。
鏡頭 其他兩支鉛筆被女鉛筆嚇醒。	（圖）	**聲音** 女鉛筆（長景）：我看到犀利先生。
鏡頭 切到削鉛筆機犀利先生的特寫。	（圖）	**聲音** 女鉛筆（畫外音）：自動無線削鉛筆機，來自 Sunbeam。
鏡頭 切換至女鉛筆跳進犀利先生。	（圖）	**聲音** 女鉛筆（長景）：犀利先生開工了。 音效：犀利先生削鉛筆聲。 女鉛筆（長景）：噢～.

垂直式分鏡圖之二

（圖）	**鏡頭** 中景：三支無聊的鉛筆。 **聲音** <u>音效：鼾聲</u> 女鉛筆嘆氣（長景）：我的人生真乏味。
（圖）	**鏡頭** 其他兩支鉛筆被女鉛筆嚇醒。 **聲音** 女鉛筆（長景）：我看到犀利先生。
（圖）	**鏡頭** 切到削鉛筆機犀利先生的特寫。 **聲音** 女鉛筆（畫外音）：自動無線削鉛筆機，來自 Sunbeam。
（圖）	**鏡頭** 切換至女鉛筆跳進犀利先生。 **聲音** 女鉛筆（長景）：犀利先生開工了。 <u>音效：犀利先生削鉛筆聲。</u> 女鉛筆（長景）：噢～

知道何時應該「閃開，讓專業的來」

　　如果你正在寫電視廣告文案，便應該明白，「製作」對於會做出什麼樣子的廣告而言，有多麼重要。分鏡圖就跟腳本一樣，只是廣告的藍圖，不是給消費者看的，所以如果以最終的形式——影片做出來的廣告不成功，那就沒輒了，這正是商業廣告的「製作」如此攸關生死的原因所在。廣告公司裡由誰負責製作，而製片又挑了誰來實際執導廣告，都是影響最後成果的重大

決定。問題很簡單——呈現在螢幕上的是誰的視覺？答案也一樣簡單——擁有創意控制權（creative control）的人說了算，是這個人的視覺會被呈現在螢幕上，而你想要當這個人。

這是我過去自己下海製作廣告的緣故，通常會搭配藝術總監，不過偶爾也找廣告公司的製片合作。文案寫手和藝術總監比任何人都更拚了老命地創作與推銷廣告，自然想要讓他們的視覺登上電視螢幕，而唯有手握創意控制權，全盤掌控從導演、卡司、地點、音樂、旁白到最重要的剪輯等種種影響電視廣告製作的決定，這件事情才能成真。

事實上，一旦你選定實際掌鏡的導演（獨立業者，並非受雇於廣告公司）和演出人員（鏡頭前的演員、旁白播音員等等），就有 75% 的把握掌控廣告的呈現，另外 25% 則是完成所有必要鏡頭及最重要的剪輯後，所實際表現出來的品質。文案寫手、藝術總監和廣告公司製片既不會實際執導廣告，也不會親自動手剪輯。

不過，如果是委任的廣告公司製片，會由他們負責所有跟剪輯有關的幾百個創意決定，從在不同的拍攝片段中挑選合用畫面、整部片子要如何組合、指導旁白演員，到決定配樂是哪種類型、什麼時候出現、音效等等，凡此種種，將決定你的廣告最後會被做成極品、佳品或劣品。這很嚇人。文案寫手與藝術總監並沒有像在平面廣告那樣的掌控度，所以，當你選定組成創意團隊的廠商或業者，只能寄望他們為你腦袋裡的東西加分，而非扣到負分。

就這個題目來說，儘管我強調自己喜歡掌控廣告，但你也得知道何時放手。你挑來幫忙製作廣告的業者都是專家，常常會

提出你沒想到或不認同的構想。你至少要聽他們把話說完。你必須對你的廠商／業者有全盤的了解、挑戰他們、讓他們成為創意過程中不可或缺的一環，就好像前面提到美國癌症協會的廣告個案中，我們跟導演之間的對峙那樣。他們都是專家，一年做的廣告恐怕有上百個，他們有他們的「本能」。有時候，你得放下你的預設立場，信任他們的本能，放膽去做。如果你想要照著分鏡圖分毫不差地拍攝，會淪於造作生硬。你得知道什麼時候放手，讓你生出來的「寶貝」展翅高飛。這不容易，不過，只要你擁有最後的創意控制權，就沒什麼好擔心的，這支廣告最終會呈現出你跟你的藝術總監所構想的面貌。然而，想要走到這一步，你必須知道什麼時候該信任你請來的專家的直覺。

當壞蛋變甜心：接受事情總有失控的可能

兩個親身經驗值得在此一提。有時候，你就是沒辦法掌控你所寫的電視廣告，一個原因是因為你很年輕。前面提到的 Daisy 除毛刀是我做的第一個電視廣告，當年我才 25 歲，在智威湯遜廣告公司的位階很低。由於公司規定只能有兩個創意人員到拍攝現場，我敗給公司裡一個非常資深的製片跟我的夥伴，也是很資深的藝術總監。我大感震驚，但基於以上所提種種原因，我想到拍攝現場去——那個案子的地點在洛杉磯。我不願被排除在重要的製作決策之外，所以決定在那段時間用自己的休假前往洛杉磯。從政治上來看，此舉也許不甚聰明，但我非去不可。我從來不曾感到後悔，就像我前面解釋過的，拍攝現場有幾百個大大小小的決定要做，我是其中的一份子，如果我留在芝加哥，就

不能參與決定了。

　　另外，有些時候是演員掌控了你寫的電視廣告，通常這種情況只會發生在該名演員是名人的時候。我跟兩位名人合作過——1970 年代入選全明星賽的美式足球線衛「壞蛋喬」‧格林（"Mean Joe" Greene）和法拉‧佛西（Farah Fawcett）[7]。當我們要開拍時，才發現「壞蛋喬」厭倦了這個綽號，「建議」我們換成「甜心喬」‧格林。他或他的經紀人之前從來沒說過一個字，到拍攝當天才提出來。

　　我們不喜歡這個主意，也覺得廣告效果沒有原來那麼強，可是我們能怎麼辦？我們已經到了紐約，幾十個人等在那裡準備拍攝，已經沒有回頭路了，我們必須接受格林的建議。這則廣告還是奏效，可是沒有那麼好。

　　最後一個出王牌的是佛西，不過這次我完全不介意她的要求。佛西義務為美國癌症協會拍攝預防皮膚癌的廣告，但她覺得一月的馬里布（Malibu）太冷了，所以她想到墨西哥拍攝。我跟藝術總監於是在一月中旬打道奔去墨西哥一個星期，演員為此表示感謝。

　　有時候，不管我們如何善加規劃，努力掌控全局，事情還是會失去控制，而我們無力回天。在這種情況下，你必須秉持專業，打起精神，改變你對這則廣告的預設構想，並且祈禱廣告之神能眷顧你。

7　譯注：以電視影集《霹靂嬌娃》（*Charlie's Angels*）一炮而紅，是 1970 年代的性感偶像，她當年的髮型被稱為法拉頭。

八大類型的電視廣告：選對類型可能讓你上天堂！

很多劇情片有類型，譬如恐怖片、喜劇片、動畫片、劇情、浪漫喜劇或動作冒險等等，電視廣告也有類型。身為撰寫電視廣告的文案寫手，了解可用的廣告類型是很重要的。誠如我在第 4 章所說，比較好的作品，總是來自那些從你的潛意識裡自然迸發出來的構想，最好的、得獎的點子全都從這裡來。在做電視廣告的時候，尤其如此。

不過，你也知道潛意識是一頭難以駕馭、神出鬼沒的野獸，你總有腸思枯竭的時候，此時熟知電視廣告的類型，就能救你一命。跟劇情片一樣，你在寫類型片的腳本時，必須遵循該類型的某些指令。恐怖片的腳本會加入某些指定元素，浪漫喜劇、英雄動作片等等亦然，而電視廣告的類型也如出一轍。只要你懂得各種類型的指令，遇到腦袋瓜裡沒法自然蹦出什麼點子的時候，你跟你的藝術總監就能求助於這些廣告類型，做出來的也許不是什麼得獎作品，不過廣告是個極度要求截止期限的行業，有時候你端出的儘管不是最好的作品，也必須是上得了檯面的專業成果。

沒錯，這就是知道有哪些類型可用，能救你一命的原因所在。以下臚列常見的類型：

1. **介紹**：典型而且被過度使用的「臉部特寫」[8]。
2. **展示**：視覺化呈現該品牌重要的「獨特銷售主張」

8　譯注：Talking Head，指畫面上呈現介紹人的臉部特寫，以說話的方式介紹產品。

（USP）。

3. **證言**：來自消費者、醫生之類的專家、運動明星等等。

4. **產品是英雄**：畫面上除了你的品牌，幾乎沒有其他東西。

5. **小品**：把五到六秒的場景組合起來，凸顯該品牌要解決的問題或解決方案，通常以幽默的方式呈現。

6. **生活片段**：廣告裡的演員像在真實生活中那樣聊天說話，但談的是你的品牌。

7. **生活風格**：快速的場景，配上音樂與歌詞。

8. **動畫**：傳統動畫或電腦動畫。

有時候，一部廣告片裡會用上兩個或多個類型。比方說，在介紹型的廣告中，介紹產品的人本身是醫生或運動明星，所以也可以做證言。

電腦影像（例如特效）不算是類型，它可以用在任何一種電視廣告類型中，作為強化之用，但本身並非一種類型。我先前提到的歐仕派沐浴乳廣告，有個傢伙從淋浴間出來，走在一條船上，最後又騎在一匹馬上，說到底是一種介紹型廣告，但電腦影像與特效使它成為一個得獎作品。事實上，如果沒有電腦特效，這個廣告會很無聊——不過是又來一個介紹人對著我們喋喋不休。

說到這裡，截至目前為止，所有類型中最為盛行的就是「介紹型廣告」，而用這種類型往往會做出最拙劣的廣告，除了一直說、一直說之外，就沒有別的了。除非你像歐仕派廣告那樣加點花樣，否則請多加留意。多數情況下，越是無聊的類型，你越是需要用特效、動畫之類的東西來為它加料。這些手法可以為介紹

型廣告加分，把它變得非常賞心悅目、值得一看。如果你打算做等同於「臉部特寫」的廣告，至少要注入一點原創性。

想要精通特定電視廣告類型的文案撰寫，你首先要去研究每一種類型，分析其何以「打動人心」。在我的課堂上，我們會看幾百部電視廣告，通常是在 YouTube 上看。你也要這麼做。研究已經問世的作品本身也是一種教育，而且不花錢。開始上 YouTube 去看電視廣告，辨別這些廣告落在哪一種類型。觀看的過程中，留意每一種類型的廣告如何以類似的方式鋪陳展開，這就是我上面提到的「類型指令」。只要你熟悉這些指令，就能把各種消費者利益和相關的文案概念放進上述任何一種廣告類型中。

在做電視廣告的時候，你和你的藝術總監選擇的廣告類型會帶來很大的影響。我有一個切身經驗，我們要幫 Sumbeam[9] 的犀利先生（Mr. Sharpy）削鉛筆機做廣告，這款削鉛筆機的主要消費者利益是不用電線。我和我的藝術總監想不出什麼聰明點子，然後藝術總監提議做來做個動畫，靈光乍現的時刻便出現了！一旦我們選定動畫類型，點子便如火山爆發源源不絕，我們現在有了一個幻想世界，原本看起來真的很無趣的廣告，現在變成好玩得不得了。

因為是動畫，所以我們可以把鉛筆變成一位「女士」，而犀利先生成了她的「夢中情人」。現在，我們有了一個愛情故事，她愛上犀利先生，因為他給了她生命的「意義」（point），又因為他不用電線，所以可以陪著她到天涯海角。原本看來是我寫

9　譯注：創立於 1880 年，是美國家喻戶曉的小型家電業者。

過最糟糕的廣告腳本，變成 Clio 廣告獎決選作品，全因我們所選擇的廣告類型所致。

此處提供讀者三種不同的練習，以便你實作三種差異很大的電視廣告。

熱身練習一：全視覺加上致勝金句

很多產品類別裡的品牌相去不遠，也就是差別小到幾乎一模一樣的意思。如果你還記得第 3 章的內容，會知道在這種情況下，往往最需要用到訴諸情感的品牌策略。全視覺加致勝金句非常適合跟情感策略搭配，原因是我們會選擇情感策略，表示已經知道這個品牌其實沒什麼好說的，沒有獨特銷售主張（USP）——甚至連修正版的都沒有，而且也沒有定位的空間，策略上最後一張可以打的牌就是情感訴求。

記得在第 3 章提到，一旦選擇情感策略，便與品牌沒有瓜葛了，一切關乎消費者與其意義系統（換句話說，就是消費者看重什麼）。所以，我們在廣告裡需要做的事情，就是把那樣的意義系統反映給目標對象，全視覺加致勝金句在這方面的效果非常好，你的工作不是在廣告裡描繪品牌，而是去描繪該品牌的消費者投入一些他們覺得有趣、吸引人、有利、好坑之類的事情。

浮現在我腦海的例子是 5 Gum 口香糖[10] 系列廣告，上網看看，這些廣告的目標市場是誰？我認為是很年輕的族群——12 歲到 24 歲之間。廣告以一種非常酷、非常另類的現實，描繪大

10　譯注：箭牌出產之無糖口香糖品牌，主要以年輕人為銷售對象。

約介於這個年齡層中段的年輕男女正在體驗一種衝刺感，讓人感到興奮、害怕，而且好玩！12 到 24 歲的目標族群想要什麼？衝刺、快感、一點冒險，最重要的是好玩，沒錯吧？那麼，裡面說了什麼跟 5 Gum 有關的事情？啥都沒有。我們做的只是把目標消費者的意義系統（快感、衝刺、冒險、好玩）反射回去給他們，然後在最後帶出品牌，將 5 Gum 跟這個意義系統連結起來。這個系列廣告談的不是 5 Gum，而是想要買 5 Gum 的消費者。在我課堂上的學生提出來的絕大部分都是這種類型的廣告，因為廣告裡的品牌沒有什麼重點可說，所以首重娛樂效果。

因此，在練習全視覺加上致勝金句的廣告時，**先確定誰是你的目標消費者和他們看重什麼。接著，做出一個把這件事反映回去的廣告，試著在最後以一句致勝金句連結品牌。**如果你的目標市場是年輕男性，他們可能對電玩很有興趣，那好，把這件事反射回去給他們。比方說，也許他們真的就置身在某個電玩遊戲內。然後，想辦法在最後把他們熱愛的電玩活動跟你的品牌掛鉤。

以下是你可以練習這類廣告的做法。在我的課堂上，我們會去做個興奮有趣的電視廣告，但是在沒有完成以前，先不決定這是為哪個品牌而做。你也可以如法炮製。我會這樣開場：四匹白馬拉著一台馬車奔馳在迷霧森林中。接著我問學生：「然後呢？」每一班都會想出不一樣的故事。我們不在乎品牌，只想做一個刺激、引人入勝的影片，又剛好可以當成電視廣告。在過程中，我們會揭曉誰在駕馬車、誰坐在車裡、又是誰追趕其後。等到故事完成了，那時——也只有在那個時候，我們才會決定應該用在哪個品牌上，以及致勝金句是什麼。

有時，這個品牌是麥當勞，有時則是某個衛星定位裝置。**什麼品牌並不打緊，重要的是你做出一個聰明、新穎而且難忘的電視廣告，反映出目標市場的意義系統，品牌只是搭了順風車。**所以在這個練習中，去想個慧點的 30 秒影片，等你滿意自己想出來的內容後，找個故事結尾時欲連結的品牌。最後，構思致勝金句結束整個情節，並且把它連結到你選擇的品牌上。

熱身練習二：說服式廣告

現在要來練習一個跟上面完全相反的電視廣告。情感策略會導向全視覺加致勝金句的製作，同樣地，獨特銷售主張的策略則會導向我所謂的「說服式廣告」。我會使用這個名稱，是因為它們所需要的文案，跟平面廣告裡的廣告正文很像。回想我在第 5 章所寫的，平面廣告的正文其實就是一篇縮小版勸說文。

獨特銷售主張策略（也包括修正版的策略），認定品牌在該產品類別中具有差異性，因此，在執行這個策略時，你必須彰顯差異，說服你的消費者為了差異購買你的品牌。就算你覺得該品牌在那個產品類別裡的「優點」無足輕重，如果廣告結尾只有一行文案，客戶、甚至你的藝術總監都不會安心，而希望身為文案寫手的你把文字給擠出來。

文案寫手和藝術總監執行策略，但鮮少擬定策略。所以，無論你是否同意那個策略，都必須秉持專業，善加利用他們給你的獨特銷售主張，寫出廣告文案。換句話說，他們想要一些「推銷」的文字在裡面。這對你的廣告來說不見得完全是災難，當你被要求在整個廣告當中寫一些文案概念，記得我先前提過的寫

法──好比在幫靜止的照片寫說明，保持文字簡潔精鍊，因為影像已經「說出千言萬語」，可別寫得過多。你只需要在這裡放個字或那裡加個片語去強化影像，這就叫做「影音強化」，用相應的字眼或片語去強化目標對象正在觀看的影像。這種強而有力的勸說技巧，最適合用在說服式廣告上，平面廣告的縮小版勸說文就是這樣應用在電視廣告上。

　　讓我們用稍早提到的 Grips 廣告為例，裡面有很多重點值得在此重述一次。工作手套的領先品牌 Wells Lamont 推出一款新手套 Grips，它的獨特銷售主張是它是第一個擁有彎曲手形的工作手套，給你原本缺乏的抓握力。注意在這句話裡面，功能與效益雙管齊下，分進合擊。

　　在視覺上，我們需要一個高度說明性的廣告，一種「重生」的感覺。所以，影像的部分是這樣：戲劇化的音樂聲中，人的手從螢幕底端升起；Grips 手套神奇地將它完美包覆；戴著手套的手轉向側面，一條虛線沿著其獨特的彎曲設計出現；最後，戴著手套的手變魔術般地躍進我們的視線，從空氣中抓住一條繩子，字幕登場：「Grips，來自 Wells Lamont。」

　　現在，記住這個視覺故事，以下是我寫的文案。留意三件事情──字數稀少；有很強的影音強化效果；說服性、邏輯性地論述文案，說明消費者為什麼應該被 Grips 的獨特銷售主張所感動。

　　　人的手不是平的，它有弧度，現在終於有一款符合手形的
　　　手套，來自 Wells Lamont，全球唯一採用專利彎曲設計的多
　　　功能手套，輕鬆抓握不鬆脫。Grips，來自 Wells Lamont。

看看這個文案有多精簡，只有幾十個字，然而，它又是一個說服力很強的故事，簡單又邏輯清楚。文字一路下來都在強化我們看到的視覺影像——典型的影音強化。高度說明性的影像完美搭配高度說明性的音樂及旁白，左右開弓，說服力強大。你最常寫到的大概就是這種廣告。

我會告訴我的學生，這類電視廣告是廣告公司維持生計的基本款。雖然它硬梆梆地推銷，但不表示沒有娛樂性。沒錯，娛樂性。它用戲劇性和簡單有力來娛樂我們，是一則觀賞起來既愉快又有趣的電視廣告，又能以極具說服力的方式把 Grips 和它的獨特銷售主張推銷出去。作為一個專業從業人員，你撰寫這類廣告文案，必須跟撰寫全視覺的致勝金句廣告一樣屬害。

那麼，現在要給你更多功課了。就跟寫出幾百則只用影像以及一句致勝金句說故事的商業廣告一樣，現在來練習寫類似 Grips 的廣告。你還是要想出一則引人注目的影像故事，但是加上強化視覺的文案，為你的品牌提出極具說服力的論述。這裡有個可以讓你動工的點子：回到第 5 章，把高樂氏廣告轉換成一則30 秒的電視廣告，指出高樂氏的淨白效果為什麼比 OxiClean 好。繼續找類似的平面廣告，練習寫出它們的電視廣告版。只要跟前面一樣練習個幾百次，便能磨練你的技巧，使你成為屬害的說服式文案寫手，任何廣告公司都會想要延攬你。

熱身練習三：類型導向廣告

現在讓我們回到類型導向的廣告。想要實作我所列出的各種類型廣告，試試這個非常有效又具有啟發性的練習。用我在寫

Daisy Shaver 廣告歌時所提出的文案概念，為 Daisy 寫出每一種類型廣告的文案。你在廣告裡用的是一樣的文案概念，不過每一則廣告都屬於不同的類型，內含該類型所必備的指令。

　　完成這項任務後，我認為你在運用某個類型創作廣告時，將能任意地馳騁創造力。它不會是你最好的作品，畢竟沒有人天天產出最好的作品。但當你的潛意識不靈光的時候，知道怎麼寫各種類型的廣告，也是個差強人意的備用計畫。多做練習，跟我們在練習說服式廣告的做法一樣，找個平面廣告，把它轉換成各種類型的電視廣告。這個練習能讓你熟練地運用類型撰寫廣告文案，是每逢截止期限逼近而潛意識又按兵不動的時候，手邊必備的工具。

定位策略要怎麼做電視廣告？

　　若說情感策略導向全視覺的致勝金句廣告，而獨特銷售主張策略導向說服式廣告，那麼定位策略呢？簡單來說，兩者皆可。在安維斯租車「我們是老二」以及七喜汽水「非可樂」的系列廣告中，我會說這類定位策略用的是說服式廣告。但另一方面，「現在是美樂時間」和「專屬於麥格黑的夜晚」系列廣告則無關品牌，關乎啜飲它們的消費者。所以，這類系列廣告更像是全視覺加上致勝金句的廣告製作。

　　說來諷刺，對於品牌假若必須談得越少，做廣告往往就越要發揮創意，因為我們也沒別的好說啦！不過，一個品牌若具有強而有力的獨特銷售主張，通常也會被要求簡潔地把效益陳述給目標消費者聽。

戲院裡的廣告：別讓觀眾付錢進來看廣告

　　國外在電影院播放廣告的情況比美國更普及，戲院廣告在國外是重要的媒介，在美國則不然。我們在電視廣告中學到的東西，都可以同等應用在戲院廣告上。事實上，這些廣告經常跟電視或網路上播放的廣告一模一樣，所以只是把電視廣告拿來在戲院播放罷了。

　　不過，戲院廣告有一個不同之處須謹記在心：由於觀眾已經付錢進來看電影，不覺得自己應該看廣告，因此，在電影院播放的廣告要特別有娛樂性，能為觀影的經驗加分而非搞破壞。如果你事先預知你的電視廣告有可觀的戲院播放預算，一定要讓廣告能增加觀眾的娛樂經驗。除此之外，所有你在電視廣告學到的文案技巧，都適用於戲院廣告。

別讓你的看板成為老古板：戶外廣告文案

高速公路旁伸出的長頸鹿脖子

　　在廣告業，戶外廣告被視為一種媒介，這是因為在我們這一行，「媒介」這個字代表一種載具，用來把廣告的訊息遞送給目標消費市場。提到戶外廣告，大多數人會想到看板，不過，有很多別的載具（有時候真的是一種交通工具）也可以傳遞戶外廣告的訊息。除了看板，還有地鐵車廂、地鐵站、公車、公車亭、計程車（車內或車外）、機場（想想那些長長的廊道，帶著我們通往天涯海角），加上稀奇古怪的戶外廣告，如投影在大樓外牆上，或者在人行道和人孔蓋上的訊息，以及你在時代廣場這類地點看到獨一無二的「超大霓虹燈廣告」。最後這類「特殊廣告」往往包含在游擊行銷（guerrilla marketing）的範圍內，也是廣告形式與訊息的終極垃圾傾倒場，似乎用在別的地方都不適當。

　　由於現在的消費者有辦法用數位錄放影機等裝置把電視廣告消滅掉，戶外廣告於是變成一個更加重要的媒介。如我們在本書開宗明義所講，企業靠著品牌為其產品與服務收取超高溢價，

沒有品牌就什麼都不是，價值會變得低落許多。回過頭來，品牌又需要品牌廣告來為其建立品牌個性，使消費者相信，比起沒有打廣告的商店品牌、自有品牌和大宗商品，有打廣告的品牌價值比較高。最後，紙牌屋的最後一張牌，是廣告主必須確保他們的品牌廣告真的有被消費者看到和聽到。數位錄放影機之類的「廣告消滅機」，卻把這樣的紙牌屋拆得一乾二淨。

　　戶外廣告向來被視為電視廣告的支援媒介。如今因為數位錄放影機的關係，它自立自強，鹹魚翻身。這麼說也許有點言過其實，不過，當消費者得以借助科技跳過電視上的品牌廣告時，會有越來越多廣告主轉而採購戶外廣告，以補電視廣告的不足。

重大警告：善用讓文字變得沒用的超級視覺

　　終於給我找到一個地方用上這個我很愛的字眼──「重大警告」，更棒的是，它用在這裡是有道理的。使用戶外廣告這個媒介有個重大提醒，那就是「短促」（brevity）。想想在戶外的消費者，他們總是在移動中：坐在車子裡的時候在動，走在路上的時候在動，搭乘機場的運輸系統時也在動。我們很難得在戶外逮到一群不動的觀眾，不過這是會發生的──你會被堵在車陣裡、塞在計程車的後座、公車或地鐵上，或卡在路邊等紅綠燈。但多數時候，你都是在移動中。此一事實要求你的戶外廣告訊息必須簡短扼要，遇到這樣的媒介，視覺化思考的重要性增加了 N 倍。

　　處理戶外廣告的一個好方法，是把它想成沒有廣告正文的平面廣告。我們先前學到所有關於標題、視覺化思考、標題與圖

像間的特殊關係等等原則,在這裡全部適用。說不定適用性更高,因為我們的消費者不是像看平面廣告那樣坐在一個地方,而是在移動中。戶外廣告需要迅速傳達,這是它主要以視覺溝通的原因所在,畢竟一張圖勝過千言萬語。

　　一如我們在第 5 章所學到的,平面廣告靠著視覺這個要素一把抓住消費者,把他們拉進廣告的世界裡。文字需要時間消化,圖像的交流則是即時的。所以,我們在戶外廣告要的就是視覺化。所有偉大的廣告都是視覺圖像,戶外廣告尤其為是,它更是我在這本書裡所謂「超級視覺」的絕佳展示場,用視覺圖像來隱喻消費者利益——也就是我們承諾消費者購買這個牌子可以得到的好處。

　　就這方面來看,我最喜歡的戶外廣告系列活動是可樂娜(Corona)啤酒(圖 12),這裡有兩個圖例。你會注意到,看板上沒有什麼字,也沒必要。這些圖案是消費者喝下可樂娜的視覺隱喻。可樂娜在推銷啤酒嗎?沒有,啤酒就是啤酒。可樂娜在推銷墨西哥和墨西哥對美國消費者所代表的意義——海灘、放鬆、太陽、玩樂。打了這麼多年亮麗出色的廣告,在消費者心目中,那些東西「屬於」可樂娜,只要在戶外廣告中把它提出來,我們就懂了。可樂娜的戶外看板之所以這麼有效,原因即在此。可樂娜消費者利益的視覺隱喻——海灘、陽光、玩樂,是如此引人入勝、難以忘懷。

　　不過,不是每個品牌都可以這樣玩,文字在很多戶外廣告系列中還是有其必要性。只是遇到這種情況,一定要記住一個關鍵字——短促。如果你必須加上一行標題,盡量簡短,以英文來說,經驗法則是大約七個字以內。我不清楚這個數字是怎

麼來的，大概是多年來大量研究下的結果，但顯然有太多變數使這條「法則」派不上用場，而要視各種情況而定——品牌本身（譬如可口可樂相對於 Nikon 相機）、搭配標題的視覺威力有多強大、廣告中使用的文字實際尺寸與複雜度等等，有太多事情要考慮，不過一般來說，盡可能保持標題簡短總沒錯，而且一有機會就運用讓文字變得沒必要的超級視覺圖像——消費者效益的視覺隱喻。

戶外廣告的壞榜樣：別讓消費者花力氣

你可以從可樂娜這類出色的戶外廣告系列活動中學到很多，不過，糟糕的系列廣告說不定可以讓你學到更多。當你在開車或通勤的時候，拿出你的「學生精神」為戶外廣告做筆記，我想你會發現他們犯的最大錯誤是，**在一幅廣告中塞進太多文字、太多圖像和太多想法**。所有這些相互競逐的文字、視覺與想法會彼此抵銷，什麼訊息也沒傳達出來。

戶外廣告的第二個大錯誤是字體太小。如我先前說過的，你一定要假設你的目標消費者是在移動中觀看你的戶外廣告。他們偶爾會塞在車陣裡或者在等公車、等火車，不過多數時候，他們是在移動中體驗戶外廣告，所以沒辦法看太小的字體，字體要大到一眼就能讀才行。

我以前就說過，現在再說一次：所有偉大的廣告都是簡單、視覺上引人注目，而且完全聚焦在消費者利益上。對戶外廣告來說更是如此。然而，大家好像都沒在聽似的。也許這些創意人員都太弱了，或者不關心作品好不好。又也許因為客戶太想要「撈

回本」，所以盡可能把很多東西塞進一次廣告製作裡。

　　說來諷刺，想要把什麼都塞進廣告的客戶——不管是戶外廣告或是其他媒介，結果都只是在浪費錢。消費者並不想努力地從廣告中取得所需資訊，他們不喜歡複雜，想要簡單、方便、快速。企圖用太複雜的方式告訴消費者太多事情，這樣的廣告為了「撈回本」而用錯力氣，終究會失敗。不管這類拙劣的戶外廣告是基於什麼原因做成這樣，溝通的結果莫不相同——全都只是一場空。

「打破」看板（但不是真的打破啦）

　　在我們往下談戶外廣告的數位革新之前，我必須強調一件事情：絕大部分的戶外廣告還是類比式的，你一般只能在紐約、芝加哥、洛杉磯等大都會區看到數位化的戶外廣告。

　　因此，身為創意人員，你往往需要針對同一個創意做出類比版與數位版。當你在做類比看板時，吸引注意的其中一個好方法，是「打破」戶外看板傳統的長方形，做法是加一塊延伸片，把看板往一個或多個方向延伸出去，或者在看板上運用 3D 立體元素。以下分別試舉幾例。

　　我某次開車時，在州際公路上看到一塊看板，用來促銷瑞士起司。他們在看板上方加了一塊三角形的延伸板，以便呈現瑞士起司的三角楔型。這塊看板真的是從高速公路上「跳」出來，原因很多，不過最重要的是因為它不是長方形，而是三角形。我要說的重點是，**延伸看板、打破傳統形狀的本質就是要引起注意。**當然，這麼做的成本比較高，不過真的可以引人注目。

　　還有另外一個運用延伸看板的案例。芝加哥布魯克菲爾德動物園（Brookfield Zoo）剛剛興建完成更靠近遊客的動物棲息地，而我們要幫動物園做一個廣告活動。為了彰顯這個效益，我們想要表現動物從看板「躍出」的感覺。可是看板是靜態的，你要怎麼做呢？我們的做法是讓動物們的頭破板而出。舉個例子來說，大猩猩的頭和手會延伸到長方型看板外，而長頸鹿的長脖子和腦袋瓜、蛇長長的軀體也如出一轍。我認為這是很棒的做法。

　　首先，我們做的每一個看板真的從州際公路上「跳」出來，你無法視而不見，也忘不掉。其次，它們完美地落實了動物園的策略，讓遊客更接近動物——這對小孩來說尤其重要，因為他們是動物園的主要目標。想想看，如果動物們沒有從看板上方伸出頭來，這些看板會有多麼無聊。這是做延伸看板划得來的原因所在，如果你要在類比廣告看板上搞創意的話，一定要打破看板，這錢花得絕對值得！

　　第二種打破看板的做法是使用 3D 立體元素。我可以想到最好的範例是福來雞（Chick-fil-A），他們的看板上有 3D 立體母牛，以各種不同的方式和傳統方型看板互動，上面有著「多吃點雞」之類機靈又好玩的標題。這種主張對母牛本身來說當然有著龐大的既得利益，所以很逗趣又非常難忘。再來想像一下沒有 3D 立體牛的看板，仍然是很紮實的作品，可是就沒有那麼吸睛或難忘了。

　　在傳統類比戶外廣告上打破看板的價值就在這裡。我先前說過，研究廣告真的很容易，因為它就充斥在我們的生活中，現在有了網路，你可以實實在在地找到幾百個出色的戶外看板案例。事實上，有些創意獎項就是為了聰明的戶外廣告而設，所以

我會上網去找更多案例，看看如何在戶外看板上巧妙運用延伸片、3D 立體元素以及其他引人注目的裝置。

讓舊式看板起死回生的數位看板

遺憾的是，剛剛我們討論那些聰明的類比廣告看板只是特例，而非通例。不管什麼原因——缺錢、缺創意、高壓的客戶，戶外廣告通常流於平庸。接著，隨著網路成為生活中不可或缺的一環，最常見的戶外廣告形式——看板，看起來開始變得很死板。它曾經是電視廣告最有朝氣的支援媒介，而現在看來只是無聊的老古板。它的救贖呢？數位看板。這個最早曾經讓廣告看板過時的科技，結果反倒救了它一命。

電漿螢幕問世時又小又貴，可是很快就變得又大又便宜。因此，戶外廣告公司開始在大型都會區把紙製與木製的看板換成電漿螢幕，重新發明出一個較以往更好的廣告媒介。有了電漿螢幕，戶外媒體業者可以製作數位廣告看板，以遠距遙控的方式張貼廣告，然後把同樣一塊看板賣給數十個廣告主，而非一次只能賣給一家。怎麼做呢？別忘了每一塊數位看板內含多個個別廣告，可以輪流播放給消費者看。播放的頻率與時間長度，都經過戶外廣告業者的仔細計算並且適當計價。

哇！這真是天賜寶物。好消息還在後頭呢！因為沒有那麼勞力密集，所以戶外媒體業者建造與張貼數位廣告的成本比類比廣告來得低很多。想想看，派兩個人到每個都會區的每個地點設立每塊類比看板，成本有多麼高昂！接著還要把這個數字乘上幾百倍。如今，這些工夫都是多餘的，取而代之的是廣告

公司把數位廣告寄給戶外媒體業者，由他們把廣告上傳到適當地點，轉眼間，工作就完成了。較之以往，品質管控端賴設置每一塊類比看板的人而定，如今他們能完全掌控產品品質，而且成本更為低廉。

對廣告主和戶外媒體業者而言，電漿電視與隨之而來的數位看板，挑了一個非常好的時機問世。因為數位錄放影機和其他類似裝置的緣故，廣告主需要一個消費者無法把廣告消除掉的媒介，而戶外廣告的數位革新才正要開始。有一天，所有的戶外廣告都會數位化，想想看，公車、地鐵車廂、計程車、車站、候車亭的裡裡外外，任何可以安裝電漿螢幕的地方都有數位廣告，原本被創意人員棄如敝屣的媒介，如今飽含創意可能性。

由於美國運輸部禁止在個別的數位廣告內有動作，所以做出傑出的戶外廣告的創意原則，同樣也適用在數位廣告上：引人注目、視覺化、簡短的標題（或沒有標題）和高度聚焦又簡單的設計。而諷刺的是，就某方面來看，數位看板的創意任務會比類比看板更為困難，因為我們無法打破看板，能引起注意並使人難忘的唯一一個好方法也就沒了。也好，廣告之神開了一扇窗，也同時關了一道門。

熱身練習：讓超級視覺為你發聲

這裡有很多方法可以做練習。我會讓我的班級挑選一則平面廣告，辨識出廣告中的消費者利益（不管用什麼方法推演），然後做一個戶外廣告系列活動，把平面廣告的製作延伸到戶外去。或者，你也可以跟我們在廣播廣告和電視廣告的做法一樣，

選個平面廣告，把它轉換成戶外廣告。你要把力氣專注在戶外看板上，因為它是戶外廣告的主流。不過，如果你有可以用在其他地方的好點子，就放手去做。這個練習的重點在於精進你的視覺化思考能力，尤其是超級視覺——消費者利益的視覺隱喻這方面。努力讓你的視覺圖像強大到為你「發聲」，使標題變得沒有必要。

不過，不要欺瞞自己。如果你的視覺不夠水準也無妨，只要確定有搭配一則標題即可。如果你最後真的用了標題，所有我們在平面廣告學到的手段與原則，在這裡都適用，唯一的差別是沒有廣告正文。因此，你的標題有兩個任務——傳達消費者利益（不管你可以從平面廣告中推演出什麼結果都不打緊，只要是合理的推測即可），並且用高明、令人難忘且充滿創意的方式去溝通。

09 感謝大數據，讓該看的人都看得到：網路廣告文案

從 iPhone 到螢光棒都能攪碎的攪拌機

　　如果你還記得，我在本書開宗明義便說，從行銷傳播的角度來看，網路身兼兩種任務，第一種是扮演媒體的角色，把廣告訊息傳遞給目標市場。它就跟電視、廣播、平面、戶外等等任何一種廣告媒體沒有什麼兩樣。若你記得的話，分辨廣告不同於其他行銷傳播技巧的重要特徵，是廣告訊息一定要通過某種媒體來傳遞。若非如此，那它一定是廣告以外的其他行銷傳播技巧——公共關係、促銷、直郵廣告、宣傳活動、宣傳品、貿易展，或互動式行銷。

　　網路的第二種任務就是雙向互動體驗，以此觀之，網路本身就是一種行銷傳播的工具或載具，可自行發揮和其他行銷傳播載具同等層次的作用，如公共關係、促銷、直郵廣告、宣傳活動、宣傳品、貿易展或互動式行銷。把行銷傳播運用在社群媒體上，就是發揮這種雙向互動的好例子。

　　首先讓我們來看看網路作為跟電視、廣播、平面廣告及

戶外廣告一樣的媒體。當網路的作用是媒體時，它會把訊息傳遞給目標消費者，但不期待任何互動性。相較之下，當網路作為一種互動式的行銷傳播技巧時，它不但要求、更要促進互動性。這種情況最常發生在公司或品牌的官網上，不過，它也正逐漸出現在社群媒體中，如 YouTube、臉書、推特、Pinterest[11]、Instagram[12]、Foursquare[13]、Tumblr[14] 和每個星期冒出來的其他許多互動式網站。在這裡，網路的行銷傳播目標是跟目標消費者往來，變成他們的「朋友」（在臉書上真的就是這個詞）、「參與對話」，並且成為攸關其生活的一分子。

其實網路沒有那麼不一樣——前面說的全都適用！

讓我們先從媒體說起。我們已經知道，訊息唯有透過某種媒體如電視、廣播、平面報紙或雜誌、戶外廣告或網路加以傳遞，才能稱之為廣告訊息。如果透過其他手段，就是屬於別種行銷傳播的載具或工具——以郵遞服務為例，就是直郵行銷，而非廣告。

此外，在廣告這一門次學科裡，本書只關心某種特定的廣告類型，稱為品牌廣告。若你還記得的話，品牌廣告的目的是

11　譯注：線上相片簿的社群網路服務，就像是圖片版的 Twitter，可以讓使用者的照片以時間軸的方式呈現給所有人。

12　譯注：免費的圖片分享應用軟體。

13　譯注：利用智慧型手機內建 GPS 功能，讓使用者到達一個地點便做紀錄並上傳到網站上分享，每到一個地點 check-in 也可累積積分，以獲得獎品或徽章，且可以搜尋到所在位置附近好玩、好吃的景點，為景點下 Tips 分享遊歷經驗。

14　譯注：提供微型部落格服務，以簡短的形式來呈現出部落格的內容，包括連結、圖片、引言、對話或是影像，與一般部落格不同的是，它通常用來分享創作、經驗或是一些發現，同時提供較少的回應功能。

建立起某個牌子或公司的個性，以便向消費者收取溢價。你看到的大多數廣告，像分類廣告和超級市場、電器賣場等等的促銷降價廣告，全都不是品牌廣告。我會在這裡提出這一點，是因為這種在傳統媒體上的區別，同樣適用於網路上的廣告。廣告並非生來平等，品牌廣告與眾不同──它比較精緻，操控性也比較強。

如今我們正從傳統媒體往新媒體的方向移動，你可能會自動以為，做出偉大品牌廣告的原則，也會隨著產生劇變。確實，廣告業用來傳遞廣告訊息給目標消費者的媒體各有其「特性」，進而對廣告訊息本身產生影響。以廣播為例，我們已經知道廣播需要為我們的心靈之眼建立起視覺圖像，但我們也知道廣播並沒有實際的圖像存在。這件事情對廣告訊息的內容帶來很大的影響。換句話說，我們的廣告在廣播中呈現的面貌會截然不同於電視、雜誌、看板，以及──網路。因此，媒體在許多方面支配了廣告訊息的溝通方式。

那麼，網路作為媒體又是如何影響廣告訊息？答案令人驚訝──影響不大！事實上，網路上的品牌廣告其實只是其中一種或多種傳統媒體的改編版，不是什麼革命性的新玩意。你為了撰寫傳統媒體的文案，而在這本書裡學到的每一件事情，也適用於網路。是的，你必須留心某些特性，不過你已經學到的原則，在這裡是一樣的。

話雖如此，我們還是要把焦點放在某些網路主流場域的特性上。由於新的網站推陳出新，特別是社群媒體，所以我只挑出幾個主流網站──臉書、YouTube 和推特為例。總是會有熱門的新網站不時冒出來，我們無法一一論及，不過這幾個網站能讓你

明瞭如何在網路上打品牌廣告。

分進合擊的 Google 模式

Google 囊括了網路上將近 70% 的搜尋量，它透過自己的廣告模式——AdWords 關鍵字廣告，證明這些眼珠子是一座金礦。你想必已經注意到，當你用 Google 搜尋的時候，有廣告出現在頁面右側，而現在也會出現在搜尋結果的上方。這些都是 Google 式的廣告，只在有人點選廣告之後，廣告主才需要付錢給 Google，所以深受業主喜愛。

不過，這類 Google 式廣告離品牌廣告還差得遠呢！它們太赤裸裸、太短，而且太單調，有點像我們在報紙上看到的分類廣告，在找你想要買的東西時很有效，可是無法建立起持久的品牌個性。

好險，Google 模式中有一個部分可以派上用場。當你點擊某個 Google 廣告後，會被連結到一個「到達網頁」（landing page），或者直接連到公司或品牌的官網上。到達網頁的重點，通常在於把你所點擊項目的更多相關資訊傳達出去。另一方面，公司或品牌網站則比較包羅萬象，不會像到達網頁那樣提供你真正想要的具體資訊。既然本書只著重品牌廣告，那麼，Google 模式在這方面的效果如何呢？

Google 模式的成功仰賴左右開弓、分進合擊的攻勢。你在頁面右側以及搜尋結果上方看到廣告，點擊下去，便會被連結到一個到達網頁或者公司／品牌的網站上。你在到達網頁上看到的是一則電視廣告，不過恐怕更長一點——比較像我們在電視上看

到的資訊式廣告（infomercials）。因此，儘管出現在搜尋頁面上的 Google 廣告不是品牌廣告，但可以透過點擊，把你連結到品牌廣告上。對於你起初想要找到更多資訊的專屬到達網頁，尤其適合這麼做。

只不過，當你進入到達網頁後，看到的是改編自傳統媒體的品牌廣告，它可以是平面廣告的變體，但更可能是電視廣告的改編版，篇幅也許更長或更短，不過仍然是電視廣告，只是沒有在電視上播放，文案撰寫的原則跟你在第 7 章學到的一樣。你會發現，無論品牌廣告出現在網路上的什麼地方，這個事實都不會改變。

把平面廣告搬上線的臉書模式

臉書的廣告模式非常類似 Google，進入臉書的頁面，廣告會出現在右側。臉書廣告允許 25 個字的標題、190 個字的內文和一張圖片，這讓你想到什麼？非常短的平面廣告。所以，所有你在本書學到有關撰寫平面廣告的原則，也適用於臉書廣告，只是把平面廣告從雜誌或報紙的內頁搬到臉書、推特等等上面罷了。

相似之處不只如此。當你點擊臉書廣告，他們會把你帶到一個臉書內部的到達網頁或者這家公司／品牌的網站上。這又讓你想到什麼？平面廣告上的 QR Code 也做一模一樣的事情。

那麼，又要怎麼處理到達網頁呢？臉書喜歡把你留在它的網站上，所以會積極鼓勵你使用內部的到達網頁，去連結消費者點選的廣告。就跟 Google 模式一樣，臉書內部的到達網頁是打品牌廣告的絕佳機會——用來建立品牌的個性，以便你做溢價定

價。一如我在 Google 那個段落所說的，這個到達網頁是純粹用來建構品牌個性，其組成從比較長的平面廣告、比較短的電視廣告、更長的資訊式電視廣告、到藝術性很高的微電影都可以，無論為何，你都可以運用本書學到的策略與創意原則。

是你找消費者或消費者找你？──YouTube 模式

YouTube 供人打品牌廣告的空間比 Google 或臉書多出許多，它比較接近電視廣告的經驗。在 YouTube 上打造品牌個性的做法有兩種：

第一個是傳統的電視廣告，唯一的差別在於何時播放。在電視上，廣告穿插於內容之間，而在 YouTube 上則是在內容之前播放，叫做前置式廣告（pre-roll），正式的名稱是TrueView。正如我所說過的，這完全是在電視上打廣告的翻版，所以你在本書學到如何撰寫電視廣告的原則，都可以用在YouTube 上。換句話說，它們還是電視廣告，只是不在電視上播放罷了。

事實上，Youtube 向來不諱言地宣稱它想要做你的電視──只是它是在網路上。所以除了張貼其他人的影片之外，現在它也有自己的頻道播出獨家內容。此外，我想大家都同意，就跟Pandora 及 Spotify 提供線上廣播服務一樣，到了最後，萬事萬物都會上網。很快地，我們就不用區分我是在電視上還是在電腦上看節目，因為屆時兩者將合而為一，重要的是內容本身，只要不影響內容，傳遞的裝置便無關緊要。事實上，好萊塢盛傳的一句老話，值得在此一提：「內容才是王道。」（Content is King.）

在 YouTube 上打品牌廣告的第二個方法是，把你的廣告實際做成內容，而不是在別人的內容之前插播廣告。如果我們能夠做出消費者因為想要而真的去尋找與觀看的 YouTube 影片，也許根本就沒有打廣告的必要。

我有一名學生就把完全做到這點的 YouTube 影片帶到課堂上。這些影片的主角是 Blendtec 的 Total Blender 攪拌機和它的發明者，此人聲稱這台機器什麼都可以攪碎。每一則「它能攪碎嗎？」（Will It Blend?）的 YouTube 影片，都會示範這台攪拌機怎麼攪碎各種東西。他把任何你想得到的鬼東西放進去，像是 iPhone、螢光棒等等。話題很快就傳開來，有幾百萬個消費者在看這些影片！不過，它們只是電視廣告，沒錯吧？是的，但是它們的荒誕有趣提升了娛樂效果，也因為這樣在網路上爆紅。

很多品牌都在嘗試這種做法。威爾・法洛（Will Ferrel）就幫梅斯特──布羅（Meister Brau）啤酒拍了 YouTube 影片，我敢說你也知道其他幾百個這樣的例子。對於廣告預算不多，或根本沒有預算的牌子來說，拍 YouTube 影片是既便宜又有潛在爆發力的做法，可以連結你的消費者。不過，說來容易做來難。消費者不喜歡被騙或覺得被耍了，這些影片必須自然源自你的品牌及其目標消費者，在影片中展現出無縫接軌的娛樂性。這是非常高難度的挑戰，打一個消費者在找你而不是你去找消費者的品牌廣告並不常見，正因為罕見，所以 YouTube 影片通常會再搭配前置式廣告，以確保能被目標市場看到。

這兩種做法，正巧反映出一個基本的廣告原則：是消費者在找我們，還是我們在找消費者？第一種運用 YouTube 的做法

是我們的品牌在找消費者，而第二種做法則是讓消費者來找我們的品牌。

促銷不見得為品牌加分的推特模式

推特追求速度，它是微觀程度最為極致的微型部落格。我想你一定知道，推文必須在 140 個字以內。你挑了推友來關注，他們就會自動出現在你的推特時間軸上，很像臉書的塗鴉牆。你在推特上關注的有些不是人，而是品牌和企業。是你選擇了他們，他們並沒有選擇你。

推特是很棒的社群媒體，但是很難靠它創造營收。為了補救這一點，推特推出廣告推文平台，叫做 promoted tweets，讓想要在推特上接觸目標消費者的廣告主付錢刊登廣告。這些出現在推特時間軸上的廣告，通常都是促銷資訊，點選進去後，你會被帶到一個外部的網站，對你做完整的溝通，或者允許你列印需要的優惠券等等。

在大多數情況下，不是由別人分享的廣告推文會難以為繼。大概了解狀況後，現在最大的問題是：推特是打品牌廣告的一種載具嗎？如果以最早那則本身具有促銷性質的推文來看，答案為否。不過，就跟臉書一樣，一旦你被超連結至到達網頁或網站上，就有機會打造並強化品牌個性。

話說回來，如果連結的是促銷優惠，就不是建立與強化品牌個性的好方法。事實上，因為它們大多是折扣券，所以並沒有為品牌加分，反倒因為降價而折損品牌的價值。所以我會說，以推特現在的結構來看，並不是建立與強化品牌個性的好工具。

無法略過、難以轉台，而且更為精準的網路廣告

讓我們先從橫幅廣告（banner）看起。一則靜態的橫幅廣告（沒有動作），無論直式或橫式，主要就是一塊廣告看板。所以不管掛在州際公路上或是放在網路上，都可以應用同樣的廣告看板原則——訊息應該具有視覺吸引力，而廣告正文（如果有的話）要非常短。靜態的橫幅廣告就是網路上的廣告看板。

不過，有些橫幅廣告實際上是會動的，不是靜態的，讓創意人員有了更多發揮空間。現在，你握有一個絕佳的方法，可以抓住人們的視線——移動的圖像！它適用跟靜態橫幅廣告同樣的看板原則——引人注目的視覺與簡短的內文，不過，現在它會動了。

第三種橫幅廣告不但會動，當你點擊下去，還能播放一則短篇廣告影片，有時就在橫幅廣告內播放，有時則超連結到廣告主的網站或到達網頁，然後在那裡播放。不管哪一種播放方式，它若不是電視廣告，那是什麼？沒錯，網路改變了呈現的方式，但它還是一則電視廣告，只是剛好出現在你的電腦螢幕上，而不是電視螢幕上。

前置式廣告影片並非 YouTube 所獨有，事實上，網路上到處都有，而且出現的頻率暴增。舉個例子，相信你也有過親身經驗。我到氣象頻道（Weather Channel）[15] 查詢某個預計到訪的城市天氣。在我得到想要的資訊前，我得付出代價，也就是說，我要看完一則廣告影片，不管我怎麼狂按猛點，廣告就是不會消失。然後，就跟它突然冒出來一樣，它也突然沒了，我要的預測

15　譯注：提供氣象預測資訊服務的天氣公司（Weather Company）所經營的氣象預報有線電視頻道。

資訊隨之出現了。

　　這讓你想到什麼？美好的舊日電視廣告，為了網路上的新媒體而稍作調整。這些廣告影片沒有穿插在節目內容中間，而是在內容出現之前。不過，它還是個電視廣告，配合新媒體的要求做了轉換與調整。重點在於，有史以來最偉大的品牌手段——電視廣告，還好好地活在網路上。

　　你所學到製作優秀電視廣告的所有原則也屹立不搖，同樣適用為了網路而製作的廣告影片。事實上，你上網看到的廣告影片就跟電視上播出的一模一樣，而且對廣告主及代理商來說，在網路上播放廣告影片的效果還更好。第一個原因是我們沒有辦法像看電視那樣，用數位錄放影機錄下節目然後把廣告快轉。其次，鎖定網路上看廣告的消費者，要比電視精準許多。

　　因此，當你以為網路不用花錢時，要明白天下沒有白吃的午餐。各種類型的廣告——平面、看板、廣播、電視，都在你的電腦螢幕上找到一個新家。何以至此？原因就出在錢上頭，世事往往就是如此。消費者拒絕付錢取得網路上的內容，那就必須拿眼珠子當代價。更好的是，透過 cookies 和其他追蹤裝置，網路把廣告影片對準目標消費者的精確度，比傳統媒體來得高出許多。

手機螢幕再小，也要裝下對你家品牌的記憶

　　探索過品牌廣告如何在網路上運作後，我們必須記住一個影響效力的獨特威脅——智慧型手機。智慧型手機成為不可或缺的裝置，消費者也會隨身帶著筆記型電腦或平板電腦，甚至兩種

都帶，不過只有智慧型手機是人手一支。

在智慧型手機問世前，我們只能打電話或傳簡訊，現在有了智慧型手機，我們可以看電子郵件、上網、在社群媒體上與人互動。廣告主面臨的問題是，相較於平板電腦、筆記型電腦和桌上型電腦，智慧型手機的螢幕很小，常常使得品牌訊息因為有所折衷而效果盡失。Google、臉書和 YouTube 的廣告模式，還有網路上的橫幅廣告，都因為這個向智慧型手機及平板電腦靠攏的重大變化而遭到波及，廣告碰到小小的智慧型手機螢幕，全都變得不靈光。特別是臉書正在努力解決這樣的問題。

行動運算正加速取代居家運算，對社群媒體來說尤其如此。因此，臉書開始幫廣告主尋找有效的方法，去接觸活在智慧型手機裡的消費者，這攸關廣告主的生存，也攸關臉書的生存——其他需要靠廣告收入存活與茁壯的社群媒體亦然。換句話說，眼珠子已經移動了，它們越來越著迷於智慧型手機和平板電腦，而非筆記型或桌上型電腦。有無數應用程式的設計就是用來克服智慧型手機螢幕狹小的實體缺點，像推特的 Vine app 可以讓用戶在他們的推特動態上建立與張貼六秒鐘影片，就特別適用於智慧型手機。

臉書的回應方式則是整個買下 Instagram，允許用戶隨著照片張貼 15 秒鐘影片。推特和 Instagram 正在研究怎樣把這些短片 app 轉換成廣告營收，到了最後，不難想像廣告主會如何隨著來自家庭、朋友與陌生人的短片出現，而以公司及品牌的影片加入對話。

30 秒廣告影片正在變形為越來越短的線上格式，YouTube 上傳統的 20 秒前置式廣告也變得很炫。但這裡有個大哉問：影

片可以短到什麼程度，還能傳達出有效的品牌訊息？截至目前為止，在智慧型手機上打品牌廣告，最可行的方法還是前置式影片，這恐怕是我們在取得想要的內容以前，會看到這麼多前置式廣告的原因。

Vine 是現在當紅的 app，而 Instagram 的 15 秒影片 app 肯定也會同樣受到歡迎。不過，過去熱門的 app，消失的速度就跟崛起時一樣快，推特和 Instagram 這類新的 app 也會落入同樣的宿命嗎？不管怎樣，行動運算正在把品牌訊息推向更小的螢幕與更短的篇幅，我相信到了某個時間點，這個走向會傷害廣告影片的效果。

當然，智慧型手機還是有些優點可供廣告主利用，其十足的行動性表示，廣告主可以一直跟他們的目標消費者保持聯繫，因為消費者總是機不離身，對年輕人來說尤其如此，當然，年輕人就是未來。智慧型手機也可以用來讀取 QR Code，使廣告主可以把傳統的行銷傳播與網路的威力結合起來，可說是一項福音。

透過 QR Code，智慧型手機可以帶著消費者經歷大量的品牌體驗，我敢斷言，廣告主和靠著廣告獲利的網路媒體，將會找到方法，讓行動運算為品牌廣告所用。我會這麼有信心，是因為他們別無選擇。你先前已經學到，企業必須讓自己的品牌留在消費者的記憶裡與心頭上，否則只有死路一條。

在本段末了，網路作為媒體這一整篇的寓意是這樣的：雖然網路是一個如此新穎又具有開創性的媒體，但令人驚訝的是，把它用來打品牌廣告的做法跟傳統媒體相近。所以，身為創意人的你可以放心，你在傳統媒體上學到的原則，都可以如數應用在網路上。

讓品牌變成人，加入社群對話

在行銷傳播技巧中，本書只關心廣告。不過，我確實想要簡單地討論另外一種行銷傳播技巧——互動式行銷。網路可以當成一種廣告媒體，但它也有別的角色，那就是作為一種個別、單獨的行銷傳播工具，我把它稱為互動式行銷。

不同於完全被動的傳統媒體，無法與它們的觀眾相互交流，網路不但能夠允許互動，還能加以鼓勵、有所促進，最明顯的就是我在前面談到的社群媒體網站，這類網站就是設計用來鼓勵互動性的，互動的對象除了人，也可以是品牌和企業。不過，當我們把網路當成社交潤滑劑來使用，規則就改變了。

當我們是網路上包括社群媒體在內的廣告主，因為已經付錢，所以可以得到一定的曝光度。可是，當我們把網路當成一種互動式行銷傳播手段，我們並沒有付錢，所以品牌或企業只是另外一個想要「加入對話」的「人」。網路一旦扮演這個行銷傳播的角色，它的功用更像是公共關係，只不過是在線上進行。身為廣告主所擁有的掌控程度，會因為變身為沒有付錢的參與者，而不再享有。

所以，如果想要被納入對話的話，便必須讓我們的品牌或公司是切身相關的。比方說，就像真人一樣，品牌與公司也可以擁有自己的臉書專頁或塗鴉牆供人按讚。它們有自己的推特時間軸，也能被自己的消費者關注。它們拍攝 YouTube 影片——好比我先前提到威爾‧法洛的梅斯特——布羅啤酒廣告活動，希望能被目標消費者看了覺得有趣而在網上爆紅。Instagram、Pinterest、Tumblr 以及其他許許多多的網站也一樣，品牌和企業

可以利用它們與消費者保持接觸。

可是，在這類社群媒體上與消費者往來，為什麼這麼重要呢？因為消費者非常善變，如果沒有跟自己喜愛的品牌互動，很快就會忘了它們。他們會愛上其他品牌，更糟的狀況是，他們決定愛上一個便宜更多的自有品牌。這對企業來說是一場災難，因為回到我們最早提到的──企業沒有了品牌，就什麼都不是！企業知道，品牌是靠著讓自己持續在目標消費者面前曝光而活下來的。

講了這麼多，重點來了。由於網路是互動式的，而非被動式的，消費者可以撇開品牌或公司，彼此溝通對話。這對企業及它們的品牌來說是不可容忍的慘劇。為了品牌及其背後的商業模式的存續，它們必須參與對話。

所以，廣告主跟著眼珠子走。當那些眼珠子移動了，廣告主必須想辦法跟著動。這是他們移師到臉書、YouTube、推特、Instagram、Pinterest 等等的緣故，因為眼珠子都在那裡了。如你所知，廣告主的問題出在社群媒體網站不會乖乖地在那邊被動吸收品牌廣告，越是用強加的方式進入網站，消費者就越討厭它。

所以，為了在消費者面前露臉，品牌在這些網站上除了宣傳之外，也要跟人互動。這就是這個互動工具在行銷傳播上的任務，就互動性的角色來看，品牌和企業只是另外一個參與者，它們無法像打廣告那樣掌控對話，只求自己能參與其中！它們必須拿出理由，才能讓消費者在臉書上按讚、上 YouTube 看它們的影片、在推特談到它們。

這些理由往往跟提供消費者價格折扣、優惠、贈獎等等有關。在網路興起以前，他們藉由在傳統媒體打廣告掌控對話，到

了網路上，是消費者掌控對話，而企業和品牌必須想辦法加入。此事別無選擇，因為眼珠子都移到那邊去了——尤其是最受青睞的年輕眼珠子，它們必須在這些眼珠子前面露臉，不然只有坐以待斃。

10 獨特性與統一性的絕妙平衡：系列廣告文案

潮男靚女都能戴的雷朋眼鏡

廣告活動是一組在視覺、文案、版面配置、主題、消費者利益和目標上有著明顯相似性的廣告，以系列的方式呈現，其概念是把所有的廣告團結起來，便能用比單打獨鬥更有力、難忘且多變的方式，溝通消費者利益。換句話說，做系列活動而非進行個別廣告製作，背後基於一個理論：「整體大於個體的總和。」

對文案新手來說，從製作個別廣告到做一整個系列活動，會遭遇一段艱困的學習過程。不過，在你的作品集裡展現出這種技能是必要的。面試你的創意總監，會想要看到你構思可延伸多年的大創意（big idea）——也就是你能做系列活動的意思。

事實上，「可延伸性」（extendability）是一個判斷你是否想到大創意的絕佳方法。如果你的腦袋裡浮出幾十種手法，那你就是有大創意的人。從另一個角度來看，如果你幫一個系列活動想出兩種表現手法，可是想不到第三種、第四種或第五

種，就會重頭再來。我的學生常常有這種狀況，我看過的系列活動，十之八九有一個很出色的廣告製作，可是第二個和第三個就很薄弱。

你在第 14 章看到的創意簡報，全部都是用來做系列活動，而非只局限於單一廣告製作。當你做完整本書的熱身練習，最好直接跳去做活動，開始學習如何構思大創意。我在這本書裡說過很多次，學習文案技巧的唯一方法，就是做、做、做。這就是我們策劃創意簡報的目的──提供你實務做法，進而給你一套框架，以便你用來建立自己的作品集。沒有作品集，你就不能面試，得到你想要的工作。

從歷史上來看，品牌廣告都是做成系列活動的，那是廣告聖經中的一環。我們全都在尋找具有必要涵蓋度與廣度的大創意，能用來做很多年的活動。李奧貝納廣告公司即是以此聞名於世。他們的活動往往會圍繞著一個核心偶像人物而做，像是東尼虎（Tony the Tiger）、萬寶路漢子（Marlboro Man）、查理鮪魚（Charlie the Tuna）、美泰克維修工（Maytag Repair Man）等等。這是一個既清楚又有效的方法，在利用商標圖像延續活動的同時，還能讓實際的電視廣告有所變化，保持目標消費者的新鮮感。

若缺乏具有標誌性的角色的話，往往就會用文案主題或每則廣告結尾的口號標語，把廣告系列結合起來。除此之外，系列活動中的平面廣告版面配置與電視廣告的外觀也會一致。這裡放了幾個平面廣告系列的例子，以便讓讀者有個概念。

活動中所製作的廣告必須有足夠的相似度，使人能輕易分辨這是系列廣告中的一部分，可是又要夠獨特、夠新鮮到

把目標消費者一次又一次地帶回活動裡。 相較於個別廣告，這是做系列活動的真正挑戰之一。活動裡的每一則新廣告既更新了這個活動，可是也強化了活動的統一性。因此，不管什麼活動的廣告製作，都必須在獨特性與統一性之間達到一種微妙的平衡。讓我們用黃尾袋鼠（Yellowtail）[16] 及信安金融集團（Principal Financial）的系列廣告來檢視這個原則。

在黃尾袋鼠的廣告中，版面配置是一樣的，而且一定有一隻黃尾巴的動物——統一性（圖 13、圖 14）。不過，廣告中的動物以及酒的品類不同——獨特性。在信安金融集團廣告中，小小的卡通人物是一樣的，版面配置也相同，而且這個小小的卡通人物總是以某種有益的方式在運用信安的標章——統一性。不過，不同的廣告，運用標章來幫助這個卡通人物的方法是不一樣的——獨特性（圖 15、圖 16）。

單一媒體與多重媒體的廣告活動

多媒體廣告系列活動會在超過一個以上的媒體打廣告，比方說，我們有平面與電視廣告，或戶外廣告加上電視，或廣播廣告、網路廣告加上電視廣告；又說不定多媒體活動包含了所有可用的媒體在內——平面、戶外、廣播、電視和網路。多媒體廣告系列活動最難駕馭，因此，我們會從只運用一種媒體的廣告活動開始談起，然後才進入多媒體活動。這個方法用在我的課堂上，效果很好，相信在這裡也一樣。

　16　譯注：來自澳洲的葡萄酒品牌。

平面廣告活動：
引進新東西，同時又是系列裡的一份子

在我的課堂上，我一定從平面媒體開始，尤其是雜誌而非報紙，不過此處討論到的原則可同等適用。我喜歡從平面開始，是因為平面廣告靜止不動。廣播與電視廣告真的就在分秒間流逝過去，不易研讀，我們得一次又一次播放才行。平面廣告就不會這樣，它已經杵在那兒不會亂動，所以我們可以徹底地檢視、分析與學習。

比起個別廣告，做系列活動對修文案課的學生來說真的是一項挑戰。就跟書裡談到的其他部分一樣，只能透過練習、練習、再練習，以求精通。我在課堂上用的一個熱身練習，是要求學生針對某個已經存在的系列活動，構思下一個廣告。

我當時列舉了雷朋（Ray-Ban）眼鏡的 Never Hide 廣告系列。當時我們已經秀出三個男人戴著三款不同的雷朋太陽眼鏡，那麼，這個活動中的第四個廣告會是什麼呢？大部分學生跟你一樣做出正確的猜測：一個女人的廣告。活動中的前三個廣告用了男人之後，第四個廣告用女人是有道理的。你看，藉由這種做法，我們為品牌增添了更多資訊，同時又擴大並強化消費者利益，那就是：「雷朋太陽眼鏡不只給男人戴，也給女人戴。」

現在，在第四個廣告中帶入女性之後，第五個廣告會是什麼呢？自己想想你可以在第五個廣告引進什麼新東西，又仍能讓它成為這個系列的一份子？一個答案是使用一幅女性的畫像而非照片，這也是他們實際上所做的。注意這個改變有多麼

微小。這正是做系列活動而非只做一則廣告如此困難的原因所在。每一則廣告都必須讓該系列廣告活動有所增添與更新，可是也得強化活動的統一性。

我在做廣告這一行時，有時會一次做出一大批代表某個系列活動的廣告，這些廣告會依特定的次序推出，或一次同時推出，或者結合以上兩種做法。通常一個活動至少需要製作三則廣告，才能被視為系列活動。有時候，這表示你要做出三則平面廣告，但只有一則電視廣告，我做的 Van Camp's 的豬肉豆罐頭活動就是這樣。因為電視廣告比平面廣告昂貴太多，媒體部門認為他們的媒體計畫還沒有大到足以支撐兩到三則電視廣告。事實上，他們認為目標消費者看這一則電視廣告的頻率不會高到厭煩的程度。這個頻率上的判斷是怎麼做出來的，混合了藝術與科學的高度爭議性，超過本書的範圍。

在我來看，重要的是電視廣告必須和平面廣告有相似之處，令消費者能注意到這是同一個系列活動。這就叫做多媒體活動，因為我們讓廣告製作延伸到數個媒體，甚至包含所有的媒體。換句話說，我們可能會有三則平面廣告、三則看板廣告、三則廣播廣告以及三則電視廣告。接著，這些傳統廣告可能最後全部以橫幅廣告、前置式廣告影片等等形式放到網路上。

讓我們回到完全是平面廣告的系列活動上，看看相對於個別的平面廣告，我能提供你哪些做活動的訣竅。瞧瞧我們能從雷朋廣告系列中學到什麼。前三則廣告是同時間完成的，版面配置是一樣的，標題是一樣的，也同樣使用明亮的色彩，不同的是廣告裡的男人，這是第一個會改變的元素，使這三則廣告得以組成一個系列活動。第二個會在廣告中改變的元素，則是

他們戴的雷朋太陽眼鏡款式。

　　這三個男人的每一位，都是某種性格的原型，然後由某一副特定的雷朋太陽眼鏡來捕捉其個性。這種做法彰顯出雷朋的消費者利益，我的推測是：無論你是什麼樣的個性，雷朋都有一副「讓你做自己」的太陽眼鏡匹配。因此，靠著變換廣告中的男人以及他們配戴的太陽眼鏡，我們現在有了一套廣告活動，提出一個非常吸引人的利益給消費者。畢竟我們戴太陽眼鏡的目的絕非只是遮蔽眼睛，也用它來讓自己看起來很酷、很神祕、很潮等等。太陽眼鏡成為我們投射個性的一種做法，所有這些複雜的心理作用都在這個廣告系列中傳達出來。偉大的廣告莫不如此。

　　現在，讓我們往後退個幾步，假設你進入廣告公司擔任文案，第一個任務就是想出雷朋廣告系列的第四個廣告。這是非常切合實際的情境，新的文案寫手往往會被派去做已經存在又需要更新的系列活動，而原來想出那些活動、經驗豐富的文案寫手，已經移師去搞別的「大創意」了。就像我們說過的，因為前三則廣告都是用男人，第四個廣告自然會選擇女性來描繪。又如你先前學到的，我們的任務是讓廣告系列的變化足以使消費者感到耳目一新，可是更動的幅度又不能大到讓新廣告看起來跳脫了原本的系列。

　　就跟做雷朋廣告一樣，執行一組系列廣告的概念，通常最簡單的做法就是改變廣告中的視覺圖像，但保留其他地方不動。我在先前提到 Van Camp's 的豬肉豆罐頭和 Stokely 蔬果罐頭系列廣告中，正是使用這種手法。在這兩套廣告系列中，標題是一樣的，內文是一樣的，版面配置也是一樣的，唯一改變

的元素是視覺圖像。

在一系列的平面廣告中改變視覺圖像，是做平面廣告活動最常見的手法。所以，當你在打造自己的作品集時，可以採用這個很棒的做法。不過，你說不定有好理由反其道而行，改變標題但保持視覺圖像不變。但這通常不是較好的選擇，原因如下：如你所知，不管任何廣告，唯一最重要的元素就是視覺。視覺才能抓住目標，立即溝通，把消費者一把拉進來。唯有如此，他們才會去看標題，尋求解釋、闡述、舉例說明等等。光憑這個原因，改變廣告系列的視覺而非標題，最為合乎道理。

請留意，在雷朋的個案裡，我們已經談到廣告系列若不是改變視覺，不然就是改變標題。不過，也許你有很好的理由在這兩方面都做更動。我在開特力廣告系列中的做法就是這樣。這三則廣告仍能保有系列感的原因，是基於三個一致的元素：雖然照片中的人不同，但版面配置相同；在這三個廣告裡都有閃電擊中開特力飲料瓶；廣告系列的主標題或口號都放在右下方。這是第一個把開特力定位為「運動飲料」的系列活動，我們同時完成這三則廣告，想要描繪出三種不同的運動員和運動類型，不過只提出一個效益──當你迎頭痛擊時，開特力能給你成功致勝所需的能量。因此，這一段的要旨是要告訴你，在平面廣告系列中保持統一性的方法有很多種。

這些都是幫助你開始構思廣告系列活動的訣竅。扼要說明，組成系列活動的廣告，一定有些東西被改變了，最常被改變的元素是視覺，因為視覺是非常有影響力的溝通工具。不過，只要情況允許，我們也可以反其道而行，改變標題但保留視覺圖像不變。最後，在開特力系列廣告中看到，我們也可以同時

改變標題與視覺，但仍能維持系列廣告所需的統一性。

戶外廣告活動：當成沒有內文的平面廣告來做

在前進到廣播與電視之前，我們很快地討論一下戶外廣告。簡單說，所有我剛剛告訴你做平面廣告系列活動的原則，都適用於戶外廣告活動。主要的差異在於戶外廣告系列沒有內文，不然倒可以說做戶外廣告系列就跟做平面廣告一樣。你最有可能的情況是改變看板的視覺圖像，但保留標題（如果你需要標題的話）不動。或者你也可以改變標題，但不改視覺圖像。又或者跟開特力的案例一樣，兩者都改變但其他的元素不變，以維持統一性。

網路橫幅廣告活動：當成虛擬空間的戶外廣告來做

如我在第 9 章所寫的，在網路上打廣告跟在傳統媒體上打廣告有驚人的相似性。其中有些細微的差別，一個例子就是線上的橫幅廣告系列，可以是靜態的，或者橫幅廣告中的元素是會動的。如果消費者必須點選廣告才能看到動作，那它們實際上只是一則電視廣告，經過變形以適應網路上的生態。

不過，如果橫幅廣告自己會動，那就是一幅靜態橫幅廣告的小小變體，那麼，它們在傳統媒體上的近親就是戶外廣告。因此，從這個角度來看，就把橫幅廣告想成是虛擬高速公路而非實體公路上的看板。因此，製作虛擬實境裡的戶外廣告系列，就跟在真實世界中並無二致──所有做廣告活動的原則都適用。

廣播廣告活動：用聲音、台詞或口號創造連結性

你已經明白，每一種媒體都有其特性，在廣播的範圍內（網路上只有語音的廣告、無線電廣播、衛星廣播），這個特性就是沒有視覺。可是我們也知道，傑出的廣播廣告，就跟所有偉大的廣告一樣，必須有視覺性，只是廣播的視覺圖像存在於我們的心靈之眼，而非真正的眼睛。這叫做「心靈劇院」，我們所必須運用於廣播廣告的工具——音效、聲音、音樂和廣告歌，在心中召喚出一幅豐富的視覺圖像。做不到這一點的廣播廣告，只是在對著我們說話，並沒有跟我們在一起，會遭到消費者的漠視而完全棄之一旁。

發展只在廣播媒體推出的廣告系列活動時，我們必須回頭檢視「工具箱」裡有什麼可用。一如第 6 章所列，其中包含了人類的聲音、音效、對話、純音樂，以及有歌詞的音樂，稱為廣告歌。你在開始做廣播廣告系列活動以前，應該依照我在第 6 章的概述以及熱身練習中所講的方法，提醒自己如何做出一個出色的廣播廣告。先練習做個別的廣播廣告，才能熟練運用我所列出來的工具，接著你就可以去做廣播廣告系列了。

一如平面活動，廣播廣告活動是由一系列具有明顯一致性的廣告所組成。記得廣告活動是在獨特性與統一性之間求取微妙的平衡嗎？在有著三則廣告的平面活動中，你可以改變所有廣告的標題，但保留視覺圖像不變。或你可以反其道而行。或者你也可以更動兩者，只要廣告裡的其他元素如主題、口號、某個視覺化的裝置或廣告的設計與版面保持一致即可。現在，我們在廣播廣告中要怎麼做到同樣的事情？

首先想想，從單一廣播廣告到下一個廣告，有哪些東西可以保持一致？**第一個是可以在所有的廣告中使用同一位旁白員**（如果有的話），甚至角色的聲音也不變（如果有的話）。**其次，我們可以在整個活動中使用相同的純音樂。最後，也是最為強而有力的，是從頭到尾使用同一首廣告歌把廣播廣告系列結合起來。**如果你寫出一首好的廣告歌，它的歌詞能唱出消費者利益或品牌的承諾。所以，廣告歌其實能讓我們用一種很討喜的方式——也就是唱歌，一而再、再而三地把品牌的好處說給消費者聽。這正是廣告歌的美妙之處，重複率高但消耗率低。

以上是在廣播廣告系列中取得一致性的三種最明顯的做法。**另外一個可能就是使用同樣的音效**。譬如說，也許系列中的每一則廣告都從同樣的鈴聲開始，或者都有汽車引擎加速的聲音。變化的空間是無窮無盡的。**還有另外一種方法，是用同樣的主題台詞（theme line）或口號來結束每一則廣播廣告**（跟我們在平面廣告上做的一樣）。這五種做法的任何一種，都可以把你的廣播廣告活動結合起來，呈現出一種系列感，如果一次使用多種，更可以提升其統一性，還能從創意本身自然而然地升起某種「整體感」。

我們把注意力都放在「不會」改變的東西上，那麼，有什麼可以改變的呢？一個可以做的改變是廣告鎖定對象的人口統計特性。就跟雷朋廣告系列的前三則描繪男性一樣，我們可以有一個廣播廣告給男性，一個給女性，第三個則兩者兼顧。三則廣告的整體消費者利益都一模一樣，但我們可以藉此微調與更新廣告裡的訊息。

其他改變的例子是運用大人或小孩的聲音，或把焦點放在

這個國家的不同地理位置、不同種族或甚至不同的語言上（例如為了拉美市場使用西班牙文）。在廣告之間做變化的另外一種做法，是去看如何或何時使用該品牌。比方說，卡夫起司通心麵可以當成下課後的點心、午餐的配菜或全家人的晚餐。在廣告中，食用通心麵的情境有所不同，但其他的元素則保持不變——廣告歌、旁白員的聲音、角色、結尾的主題台詞或口號。

最後一個可以改變的例子是每一則廣告中的次品牌（subbrand）。以封面女郎（CoverGirl）這個彩妝品牌為例，我們整個廣播廣告系列可以為了封面女郎而做，但裡面的每一則廣告都可以針對某一種不同的彩妝品——口紅、腮紅、粉底、香水等等。

綜論之，做廣播廣告系列活動就跟做其他活動一樣，要在統一性與獨特性之間取得平衡。如果系列中每一則廣告的一致性太高，就沒有足夠的差異性去攫取目標市場川流不息的注意力。不過，如果廣告做得太獨特，那麼，目標消費者就不會覺得這些是一系列擁有共同目標的廣告。

電視廣告活動：改變時間、地點、方法甚至是季節

在快速變遷的媒體環境中，一則電視廣告可能從來不在電視上播放。不過，我們已經知道它還是廣告片，所有我們學到製作出色電視廣告的原則，都適用於在其他平台上播放的廣告片，這些平台包含以下的其中一部分或全部：品牌或公司自己的官網、其他品牌或公司的網站、臉書（不管是在品牌自己的臉書專頁，或在其他臉書專頁上的付費廣告）、推特、YouTube，以及

其他許許多多的網站。

　　就算是矽谷的科技專家也說不準下一個大流行是什麼，我當然也不知道。我確知的是，就我們的目的來看，製作一則出色電視廣告的原則，適用於任何當前或未來的溝通平台。廣告影片的長度也許會適應播放的平台而有所變化。比方說，在取得線上資訊前出現的前置式廣告片，會比在品牌或公司官網上的短，因為觀看者會去造訪官網，表示此人對該公司或品牌已經有興趣了。因此，一則傳統的 30 秒有線或無線電視廣告，放到 YouTube 當成前置式廣告供觀看時，可能會變形成 15 秒的廣告片，然後再變形成五分鐘的廣告片，放在品牌自有的官網上，接著再變形成一則 YouTube 的影片，希望可以在網路上爆紅。

　　當然，網路電視已然問世，而且隨著其價格下滑，我們的兩大娛樂與資訊形式──電視及網路將合而為一。前一分鐘我們還在無線電視台上觀看喜愛的節目，下一分鐘就會轉台到 YouTube、臉書或推特上。又也許我們會在同一個螢幕上一次連接三種媒體。有家用裝置（網路電視）跟可攜型裝置（智慧型手機與平板電腦），廣告影片會找到方法在所有這些平台上播放，因為如你所知，公司需要把他們的品牌放到消費者的腦海與心坎裡。不然的話，品牌會死亡，表示品牌背後的企業也會跟著死亡，這當然是不能被接受的事情。

　　所以，所以如果你想要寫電視廣告文案的話，好消息是它們還會存在很長一段時間，這個有史以來最偉大的品牌工具是難以被取代的。沒錯，它會變形和調適，但它會存活下來，而我們學到製作優秀廣告片的原則也會存活下來。那麼，講完一串這麼長但有其必要的前言之後，讓我們來看看如何製作電視廣告系列

活動。

許多我們在其他媒體學到的活動原則，也適用於電視：始終要在統一性與獨特性之間取得平衡。以下是一些讓電視廣告系列具有統一性的做法：**我們可以使用同樣的視覺風格或元素、同樣的結語詞**（我們把它叫做致勝金句）、**同樣的活動主題／口號**（和致勝金句不同）、**同樣的旁白解說員、同樣的廣告歌**（如果有的話）、**同樣的純音樂、同樣的上鏡演員**（人類、蜥蜴、狗等等）……，那麼你就知道意思了。有大量的方法可以讓某個電視廣告活動中的不同廣告具有一致性。

那麼，獨特性呢？活動中的每一部廣告影片，都必須獨特到足以重新吸引目標消費者投入。就跟其他媒體一樣，有好幾種方法能賦予每一部廣告片獨特性。一個做法是在不同的廣告片中描繪一部分的目標市場，所以如果我們做的是有三部廣告片的活動，其中一個針對男性，另外一個針對女性，第三個則針對兒童。如果做的是純粹給女性用的品牌，那麼我們可以描繪不同年齡、種族和族群文化的女性。我們可以把聚光燈放在該品牌的各個次品牌上，比如說，高樂氏的衣物漂白劑和高樂氏的浴廁清潔劑。

其他賦予獨特性的做法可以是使用該品牌產品的「時間、地點和方法」，好比我們在第 6 章談到卡夫起司通心麵的例子。其他在活動裡的廣告做變化的還有地理位置、種族或語言（想想英語廣告的西班牙語版）。

最後一個，你可以變換季節。比方說，活動中有一個廣告強調聖誕節，另外一個是復活節，還有一個是情人節。如果有個活動是為了史考特草坪修整產品（Scott's lawn care products）而做，一個廣告片可以做春天，另外一個做秋天，還有一個可以為

了冬天的「休眠」季節而做。

這種種手段都可以用來幫助你在統一性與獨特性之間，獲得每個媒體、每個活動所要求的微妙平衡。就跟我在書裡所解說的每種技巧一樣，你需要練習、練習、再練習。這正是設計第14章創意簡報的目的所在，裡面的內容全都需要你從做活動的角度去思考與建構，有時候，活動只用到一種媒體，有的時候則是在數個媒體上推出。我們稍後會談到這一點。

多媒體活動：讓電視廣告領軍，其他媒介追隨

至於在廣告活動中使用何種媒體，創意人員通常很少參與意見，一般都是由媒體企劃聯合客戶經理、客戶、甚至客戶企劃一起決定的，最後一個人往往也會制定品牌策略。我用了相當長的篇幅說明如何運用一種媒體做廣告活動，這是一個好的起點，因為在一種媒體上做活動的複雜度比較低，當你在媒體企劃所謂的媒體組合（media mix）上增加新的媒體，情況就會變得越來越複雜。

不過，廣告活動使用多種媒體的情況時有所聞，往往端看預算而定。你已經聽聞有廣告片耗資 50 萬或甚至 100 萬美元，這是真的，你請了一位知名導演，使用電腦影像技術，廣告片不用太長，30 秒鐘的成本就可以達到這個水準。

不過，不管製作一部廣告片有多麼昂貴，相較於在媒體上播放的成本，可說是相形見絀。想想在超級盃插播廣告要花上數百萬美元，你就明白在無線台、有線台、網路上播放廣告片會耗費多少鉅資。事實上，客戶的預算有絕大部分——高達 80% 都

是花在媒體上。所以你可以料想到，客戶會非常關注他們使用多少媒體以及花錢的效率如何。

媒體企劃這個領域超過本書的範圍，而且市面上已經有上千本書在談使客戶媒體預算最大化的各種策略。在這裡只要知道，不管用了多少數量分析和電腦模型，媒體企劃既是藝術也是科學。在某些時候，遲早要仰賴人的判斷，而這些判斷有時候也是錯的。

現在，讓我們回到扼要的指引上，談談為什麼多媒體活動是客戶預算極大化的標準常規。付費播出廣告片，不管是在有線電視、無線電視、電影院或網路上，都是付費媒體裡最昂貴的一種選擇。因此，媒體企劃會運用其他比較便宜的付費媒體來支援廣告片。**媒體企劃的聖杯是：以最少的預算，把對的訊息盡可能頻繁地傳遞給對的消費者。**運用其他媒體——如廣播、平面、戶外與線上橫幅廣告，能幫助媒體企劃達到這個目標。

在這個情況下，身為文案寫手的你（加上你的藝術總監夥伴）如何在使用這麼多種不同的媒體下，滿足一場廣告活動的需求？如你所學到的，廣告系列活動是在統一性與獨特性之間求取微妙的平衡。在多媒體的廣告活動中，各式各樣媒體所具有的本質，已經給廣告製作帶來大量的獨特性。大家都看得出來，平面廣告天生就不同於電視廣告，廣播廣告也天生不同於戶外廣告，諸如此類。因此，一旦運用多種媒體，就已經確保某種程度的獨特性了。

那麼，微妙平衡的另外一端——統一性呢？當你的訊息透過這麼多種非常不一樣的溝通載具傳遞時，要如何取得統一性？很花工夫，這也是我把多媒體活動放到最後談的原因，在我的文

案課堂上也是擺到最後才講。我們會先分別討論每一種媒體，然後才談多媒體活動，而最後一個專案就會指定做一場多媒體活動。

做一場多媒體活動有著看似如此難以駕馭的挑戰，我們要從哪裡著手呢？**首先，我們需要搞清楚會用到哪些媒體**（就像我說過的，這個決策通常會牽涉到很多人，不是只有媒體企劃）。**接著，身為創意人員的你，最有興趣想知道的是有沒有電視廣告**（也可以在網路上播放）。如果媒體組合裡有電視廣告，那麼廣告片應該領頭先行，而其他的媒體則跟隨之、支持之。這是學習做一場多媒體廣告活動最要緊的原則。

之所以讓廣告片領軍（不管是在有線電視、無線電視、網路或電影院播放），是因為在打造與支撐品牌個性上，它是所有媒體中最強而有力的一種媒介，文案寫手與藝術總監可以在電視上玩各種花樣——視覺圖像、動作、聲音、音樂、特效、名人、幽默，族繁不及備載。因此，做多媒體廣告活動最好的起點，就是電視廣告片。先把重心放在做一個（或多個）出色的廣告片上，剩下的部分就會水到渠成。

這個方法之所以奏效，原因很多。第一，像我說過的，廣告片可以玩各種花樣，這是其他媒體做不到的。第二，廣告片不管在哪裡播放，花的成本都最高。最後，從創意上來看，廣告片表現出最高程度的元素，可以帶到其他媒體上用。比方說，在廣告片出現的可愛小狗，可以用在平面廣告、戶外廣告或網路上的橫幅廣告。電視廣告的廣告歌曲，可以用在廣播廣告中（旁白員的聲音、音效等等也是）。所以，藉由先做電視廣告，你能釐清廣告片中視覺及語音的關鍵元素為何，然後用來貫穿其他媒體廣

告製作。

當我的學生在做多媒體廣告活動時，我會問他們：「你用什麼來穿針引線？」我的意思是：他們打算從廣告片中擷取哪些視覺或語音構成要素，用來貫穿其他媒體廣告製作？這一條線就是你在多媒體廣告活動中達成統一性的方法，而起點就是廣告片。只要你遵循這個原則，做多媒體廣告活動不需太多劇本便能水到渠成。**只要媒體組合裡有廣告片，其他媒體的工作就是去提醒目標消費者該部電視廣告片，或者為還沒看過的人預做觀看的準備。因此，其他媒體是用來支持電視廣告片的訊息，並加以強化及延伸。**

拉一條貫穿所有媒體的線

如我在前面所論及的，我們在做多媒體廣告活動時，最需要關注的是統一性而非獨特性。理由是不一樣的媒體即能提供大量不同的獨特性，比方說，在目標消費者眼中，電視廣告片看起來就是跟平面廣告、網路橫幅廣告或廣播廣告非常不一樣。比較困難的挑戰，是在這些相異的元素中找到一致感，把多媒體廣告活動整合起來，呈現出整體性。

視覺是促成這種統一性的好方法。如你先前學到的，所有偉大的廣告都是視覺化的。視覺圖像能抓住目標不放，深植在他們的記憶中。只要有了引人注目的視覺圖像，就有 90% 的把握可以做出一個出色的廣告系列。因此，在做多媒體廣告活動時，電視廣告片的起點就是視覺，而你的第一步當然是構思出一個或多個令人目不轉晴的視覺故事，廣告片裡少了它，你就沒有東西

可以貫穿其他媒體。當你確信在廣告片裡找到這樣的視覺圖像，想辦法把同樣的視覺放進所有其他媒體中——沒錯，甚至廣播廣告也包含在內。

我先前提過，把開特力定位為從事體育活動前、中、後使用的運動飲料的第一個廣告系列是我做的，這個活動是如何做多媒體活動的好範例。回頭看看我之前放在書裡的三則平面廣告QR Code，以喚醒你的記憶。這個活動的媒體組合包括了電視、廣播、平面及戶外看板。我沒辦法把電視廣告片播給你看，所以就想像這三則平面廣告活了過來，電視廣告看起來就是這樣，一個是籃球，一個是足球，一個是網球。我們用兩個關鍵做法把這個多媒體廣告系列活動的視覺整合起來：其一，一定會表現出運動中的男女全然奮力一搏的體態；其次，一定會有閃電擊中開特力飲料瓶的視覺隱喻。這些就是我們從電視帶到其他媒體廣告製作的視覺要素。現在，為了強化視覺帶來的統一性，我為這個廣告活動想出一句主題台詞「當你渴望勝利」，這句台詞接著又可以用來貫穿文案。這就是把電視與平面廣告整合起來的做法，那麼，戶外廣告和廣播廣告呢？

視覺上，戶外看板看起來就跟平面廣告一模一樣，除了兩個例外之處：第一，沒有內文；第二，即便我們在平面廣告放上不同的標題，但所有戶外看板的標題都是一樣的。你認為是什麼？沒錯——「當你渴望勝利」。反正你也不想在看板上放太多字，這一路下來最好的解決方法，就是把主題台詞當成標題，放在所有的戶外廣告上。這種做法可以保持文案簡短，又能讓戶外廣告的文案與電視、廣播及平面廣告一致。

那廣播廣告呢？因為廣播沒有真正的視覺圖像，所以我們

必須從電視廣告裡找別的東西來穿針引線，帶到廣播廣告裡。我們在電視上沒有廣告歌，可是有一個非常有特色的原創樂曲來搭配旁白。所以我們把這首樂曲加上跟電視廣告一樣的旁白員以及大部分的文案稿，全部放進廣播廣告裡。然後，在每則廣播廣告的結尾，放上我們的主題台詞——「當你渴望勝利」，以賦予活動中的其他廣告更多的統一性。

綜言之，如果你有包含電視在內的多媒體廣告活動要做，先構思出一個吸睛、難忘的電視廣告，然後以電視廣告中的主要視覺與文案要素來貫穿其他媒體的廣告製作——網路、平面廣告、戶外廣告、廣播廣告。始終要記得：電視廣告領軍，其他廣告跟隨。

沒有電視廣告的多媒體活動：讓平面廣告領軍

現在，如果媒體組合裡沒有電視廣告呢？如上所述，廣告片是整個多媒體活動的支柱，如果沒有電視廣告，會發生什麼事情？答案是剩下的媒體在達成廣告活動的溝通目標上，扮演旗鼓相當的角色。好啊！但你會說：沒有電視廣告的話，要從哪一種媒體開始做起？如果你只用到靜態媒體，意思是平面、戶外與網路上的靜態橫幅廣告的話，那麼，身為創意人員，我自己會從平面廣告做起。

我認為，把平面廣告轉換成戶外廣告和網路上的橫幅廣告會比反過來容易。部分原因是因為平面廣告有內文，戶外和靜態橫幅廣告則沒有。所以，單純把內文拿掉，總比從戶外與橫幅廣告做到平面廣告，還要加上內文來得簡單。

　　另外一種決定方式，是判斷那一種媒體會投入最多的金錢。比方說，如果有 75% 的媒體預算用在雜誌平面廣告，剩下的則由戶外廣告與網路靜態橫幅廣告平分，那麼是平面廣告會被最多的目標消費者看到，應當得到最多的關注，並且當領頭羊。

　　現在，如果上面談到的媒體都保留，而且還要加上廣播廣告的話呢？這恐怕是最難執行的多媒體廣告活動，因為要把平面、戶外與網路橫幅廣告的關鍵視覺成分帶到廣播廣告，很是費勁。不過，儘管棘手，我還是認為比反過來做簡單——也就是先構思廣播廣告，然後想辦法串到平面、戶外與靜態橫幅廣告。

　　原因在於，平面、戶外與橫幅廣告有比較多適合的花樣可以玩，它們有實際的視覺，而廣播的視覺只能存在於心靈之眼。因此，我認為走這個方向有比較多東西可以做——走向廣播，而非從廣播出發。所以我建議你先做平面、戶外與橫幅廣告，然後再想辦法把主要的視覺與文案成分帶到廣播廣告中。

　　這裡舉個簡單的例子：如果在平面、戶外與橫幅廣告裡有個關鍵圖像是狗，你自然會把那隻狗帶進廣播廣告裡。消費者不會實際看到那隻狗，可是他們可以聽到狗聲，這樣就足以提醒目標對象在平面、戶外與橫幅廣告裡那隻可愛的小狗。結論是，因為平面、戶外與靜態橫幅廣告有實際的視覺圖像，所以讓它們來領軍，廣播廣告則扮演支援的角色。

　　最後，只有電視與廣播廣告的多媒體活動（即便這兩種都是在網路上而非傳統媒體中播出），又該怎麼處理呢？這樣的話，我們的工作要比上面的情境簡單許多。如你已經知道的，一定是電視廣告當開路先鋒。大勢底定，廣播廣告跟在電視後面扮演支持的角色。從統一性這方面來看也很容易，因為廣播廣告跟

電視廣告有這麼多相同的組成要素，所以不難從電視廣告中找到可以貫穿廣播廣告的元素。舉例來說，我們肯定會想要用跟電視一樣的主題台詞或口號；我們也可以用同樣的旁白員以及其他電視廣告裡的角色；同樣的廣告歌、同樣的音效、甚至電視廣告裡一模一樣的結構也可以搬到廣播上。所以，如果只用到電視與廣播廣告，肯定是最容易執行的多媒體活動。

綜言之，多媒體廣告系列活動的挑戰性最高，對那些剛入門的人來說尤其如此。不過，就跟書上談到的其他東西一樣，完美來自勤練。你很快就能把書裡詳細談到的技能變成你的第二天性，想都不用想，發自天性，所有偉大的廣告製作都是這樣。不過，如果你是剛入門的新手，請遵照我在此處提出的指引，它們能使你領先群倫，做出有效又有凝聚性的多媒體廣告活動。

Part III

職涯篇

抱著作品集，在自己身上賭一把

讓自己成為「目標市場」，讓吸血鬼需要你

在廣告這一行，尤其廣告公司，人才的供給總是多過於需求，特別是創意這方面的工作。你應該立志到廣告公司上班，因為你欣賞的作品主要出自廣告公司，有些企業有所謂的廣告部門，在內部扮演廣告公司的角色，不過這是例外，講到品質的話更是如此。你所欽佩而且希望參與其中的得獎廣告作品，都是在廣告公司裡完成的。

找廣告方面的工作，特別是廣告公司的工作，從來不是一個線性的過程。廣告公司裡的人，個個都有怎麼進入這一行的曲折故事。記住最重要的一件事情：沒有人會來找你，你必須去找他們。我說過了，在人才供給超過需求的情況下，廣告公司不必費力尋找好人才，因為好的人才會自己找上門。遇到這種求職生態，你必須非常主動積極、堅持不懈而且有自信。又既然找工作的過程是非線性的，你就得天天到處拜訪，跟每個人談談，不能稍有懈怠遺漏，因為你的大突破說不定就發生在

最不可能的地方。

　　我的建議是跟每一家廣告公司裡任何願意見你一面的人談一談。他們全都會說沒有職缺，別被唬了，他們老是這樣講。告訴對方你不介意，還是希望能見個面、尋求他們的建言等等。重點是讓自己在這一行裡盡量多的人面前露臉。這樣的話，如果他們喜歡你，覺得你有前途，在你身上看到一絲自己的影子，說不定就會有個職缺神奇地冒出來。假使沒有的話，他們可能也會給你幾個朋友的名字讓你去聯絡，如果這些人沒有自動這麼做，別害羞，開口請他們介紹其他廣告公司的人或幫你引見。你必須表現得堅定、自信（就算你覺得沒信心），而且不會就這麼算了。這不表示你應該不高興、沒禮貌或咄咄逼人，我同意，兩者只有一線之隔，但你要自己拿捏分寸。

　　回顧過往，生命中有太多重要的機會純屬偶然，令我感到心驚，找廣告的工作尤其如此。我本來想做客戶經理，因為我不認為自己是個有創意的人。可是後來我在伊利諾大學（University of Illinois）念研究所時選了一堂文案寫作課，我表現得很好，也很喜歡這個課程。因此，當其他研究所同學都去做客戶管理的時候，我弄了一本自主創作的廣告作品集（spec ads），帶著它到處拜訪廣告公司。我從紐約開始，在那兒得到一些面試機會，但沒有下文。盤纏用盡後，我回到家鄉芝加哥，開始在那邊找工作。我照著剛剛給你的建議，打電話給城裡每一家廣告公司的創意總監，問問我是否可以去找他們，給他們看我的作品集。所有人都告訴我他們沒有缺人，我說無妨，我只是想要知道他們對我的作品有什麼看法。

當個夠飢渴的戰士，通過毅力測試

由於李奧貝納廣告公司雇用的員工數比芝加哥其他廣告公司加起來還多，所以我把大部分精力都放在這家公司上。像這樣的大型廣告公司，一定有至少超過 70 個以上的創意總監，個個擁有自己的創意團隊，也都有權雇用像我這種新手，只要他們喜歡我跟我的作品。我回去這家公司找創意總監面談起碼超過 20 次以上，有時候對方沒有用我，可是會叫我去找另外一個創意總監；有時候我就自己毛遂自薦。重要的是我一直去找創意總監談，並且把我的作品展示給他們看。你必須凸顯自我，走出去跟每一個願意見你的人談，躲在家裡的被窩底下是找不到工作的。

我有信心最後我會得到李奧貝納公司的工作機會，其實我很確定這一點，因為創意部門負責人事的經理也這樣告訴我。我讓夠多的創意總監印象深刻，通過了李奧貝納公司有名的「毅力測試」。李奧貝納的創意總監們對毅力測試的邏輯是這樣的：如果你不是一個戰士，不夠「飢渴」、堅定，而且有自信，那麼你在這家公司也不會成功，一開始就沒有必要雇用你。

從很多方面來看，李奧貝納公司都是一個非常辛苦的工作環境——工時長、創意團隊之間很競爭、一大堆來自創意審查委員會的創意指導，所有新的大型廣告活動都必須通過委員會的核可等等。這樣的話，誰會想要在那裡工作？

首先，就像我說過的，李奧貝納公司當時聘用的創意人員在芝加哥是最多的；其次，他們做了很多電視聯播網播出的大型廣告系列，在廣告界廣受矚目，而且盛行於大眾文化中（東尼虎、萬寶路漢子等等）。最後一點，在公司做久了——20 年以上，

保證你變成一個百萬富翁。這是在李奧貝納公司公開發行之前的事情了，當時他們還是私人持股公司，獲利豐厚。

基於這種種理由，對我來說，把重心放在李奧貝納公司是聰明之舉，不過智威湯遜才是我真的想要去的公司。當時，他們正在做我最喜歡的廣告活動——七喜非可樂廣告系列，而且我真的很想去智威湯遜，而不是李奧貝納。我錯在不該打電話給這家公司創意部門負責行政管理的經理，詢問是否有職缺，她當然說沒有。同時間，我老爸一直喋喋不休地要我打電話給智威湯遜裡的某個人，我在擔任美國行銷協會（American Marketing Association）大學分會的會長時，曾經邀請他來學校演講「非可樂」廣告系列活動，事後還請他吃晚餐。那是快要兩年以前的事情了，我跟我爸說他不會記得我。可是我爸說：「那又怎樣？不記得就不記得，你會有什麼損失？」

這個故事給我們的啟示是：老爸的話一定要聽。因為當我打過去自我介紹時，他說他記得我，而且很樂意看看我的作品。我去找他了，他喜歡我的作品，所以馬上帶我去找其他三、四個人談，他們一定也很喜歡我給他們看的東西，所以一個禮拜後我進了執行創意總監的辦公室，他給了我一份工作。我上班的第一個星期，仍然感到不可置信，好像作夢一般，整個人激動不已，真的是激動！我不但找到工作，而且還是在我最想去的公司。有時候，當你得到了生命中夢寐以求的東西，真的要好好地品嘗那種滋味，因為這可不會經常發生。

我的故事只是其一，在廣告業，人人都經過類似的曲折過程才入行。如果我聽了那個創意部門經理的話，而沒聽我老爸的，我會走入死胡同。當然，她跟我說的是實話，當時沒有空缺，

不過如果你能用你的作品集展現出真正的才華，他們會為一個剛起步的人開出空缺。你的薪水還沒高到需要他們擔心的地步，所以只要看到你有些料，便值得賭賭看。我認為這一行的人都會給你一樣的建議：踏出去，四處找，多談談；千萬不要放棄，也不要因為被拒絕就算了；有自信（就算你不這樣覺得），要勇敢，相信自己。如果你不相信自己，沒有人會相信你。這雖是老生常談，但卻再真實不過，尤其在廣告業這一行。

想當創意人，就要在自己身上賭一把！

多數想要進廣告業的年輕人都想當創意人員，主修廣告的人當然更是如此，可是如願者寡。原因很簡單——他們好像從來沒有做出一本自己的作品集。沒有作品集，你就找不到文案寫手或藝術總監的工作。自己做出一本作品集是很辛苦的事情，原因很多。其一，在不保證能得到什麼結果的情況下，還能維持創作的紀律是一件難事。不管寫的是廣告、小說或劇本，自主創作都是世界上最艱難的一件事情。不能擔保有沒有人會讀它、買它，或因為它而聘用你的時候，你很難保持士氣，認真看待自己和自己的作品。這又回到我先前說過的，為什麼相信自己這麼重要了，因為一開始的時候沒有其他人會相信你。

以我在這一行工作和擔任教授的經驗來看，大部分年輕人做作品集只是玩票性質，一旦得到廣告業裡創意以外其他性質的工作時，會覺得非接受不可。原因很多：因為說不定再也找不到做創意的工作；因為他們有學生貸款要還；因為他們儘管喜歡做創意，但也不想受創意所苦。所有這些都是好理由，我不會對他

們的決定下任何判斷。如果你面臨類似情況，我只希望你記住一件事：人生不能重來。如果你選擇別的工作性質，恐怕再也沒辦法回到創意這條路上。

一定要明白你會被貼上標籤，想要轉換職涯跑道，從客戶管理或媒體企劃改做創意人員，是非常困難的事情。當你已經跨入這個「黑暗面」，面試你的創意總監就不會認真考慮你，因為你沒有堅守信念，他們會認為你缺乏熱情。他們的看法是：一個真正有才華的創意人，永遠不會考慮去做廣告業裡其他性質的工作。所以，我會告訴想要做創意的學生「在自己身上賭一把」，也就是說，做出你的作品集，給自己一兩年的時間找工作。如果你還是一無所獲，我覺得你可以另謀他途，至少你知道自己盡力了，人生不會有遺憾，這樣就滿足了。

不做創意，還可以做什麼？

儘管幾乎每個學生選擇主修廣告是因為想做創意人員，不過真的做了這份工作的人很少，以我的經驗來看，大多數學生最後反而進入客戶管理的領域。這通常不是有理想、有抱負的結果，而是事情就這麼發生了。學生在選擇廣告系時，聽過客戶管理的人不多，更別提立志做客戶管理。然而，我敢說我教過的學生有 75%，都變成了初級的客戶經理。

最常見的原因，就像先前所寫的，是他們看來就是沒能做出自己的作品集，所以沒有進入創意這個領域；但他們也沒去做媒體企劃，因為幾乎每個廣告系要求必修的媒體企劃課程，把他們都嚇跑了；而他們沒有選擇研究／客戶企劃，是因為他們不想

在研究領域幹多年的學徒，然後才能拿到當客戶企劃的資格。

所以，他們就順理成章去做了客戶管理，也許不是這個名稱，可能叫做專案管理、客戶服務、製作管理，甚至排程管理（traffic），但都在客戶管理的範圍內。我認為在這一行裡的人，都會同意客戶經理是廣告公司裡最艱辛的工作。他是客戶的主要窗口，在客戶服務上扮演公司內部核心的角色，所有其他部門都是繞著他轉。客戶經理不是誰的老闆，但卻是每個人的領導者，這是非常辛苦的差事。

進了客戶管理這個領域，不應該看成是一種失敗。事實上，我有幾個學生最後做了客戶管理，一開始很失望，可是很快就發現這份工作的廣度和要求令人感到興奮，迷人的程度與挑戰性絕對不亞於做創意。只是要明白，一旦你花了一兩年時間做客戶管理或媒體企劃、研究／客戶企劃──就幾乎不可能轉換跑道回來做創意，原因就如我先前所說。

最不受學生青睞的工作是媒體企劃。想要做媒體企劃的學生少之又少，原因很多──它蠻「數學」、蠻單調、蠻沒意思的，不過，這個領域提供最多的入門工作，競爭者也最少。假使有 100 個人在競爭初級文案的職位，那麼初級客戶經理會有 25 或 30 個人，而初級媒體採購的職位大概只有五到六個人來競爭。媒體企劃需要進行大量的媒體研究，所以有很多基層工作要做，都是年輕人拿少少的薪水在那邊奮鬥打拚，工作到很晚或週末加班，咀嚼媒體研究裡的數字。

不過，這也是進入廣告公司工作最好的方法。做了兩年後，你會往上爬──可能待在媒體部門，或者你也可以把你的媒體經驗用在初級客戶管理的職位上。因為有這麼多客戶的預算都花在

媒體上，所以這是做客戶管理的職涯絕佳起點。不管你會留在媒體部門或轉做客戶管理，做基層媒體人員都能讓你跨越職涯的最大障礙，進入廣告業，一旦登堂入室，你就可以起跑了。

　　第二個僅次於創意而最難進入廣告公司的途徑是做研究／客戶企劃。本書稍早曾經描述過客戶企劃在綜合廣告代理商裡的角色，我會在此處談到客戶企劃的功能，以喚起你的記憶。通常會成為客戶企劃的都是經驗最豐富的人，可能來自廣告公司各個部門──研究部門是肯定的，但也會有客戶管理，甚至創意部門的人。他們也有可能來自公司外部──獨立的研究機構或客戶端。

　　由於在廣告公司裡，**客戶企劃是消費者權益的代言人，所以他對消費者的想法與更重要的感覺，要有經驗上或直覺上的了解。他們消化並闡釋消費者研究，擬訂廣告活動的策略方向，是研究部門與創意執行之間的橋樑。**他們對創意團隊發出指令，設定整個活動的步調與特性。你可以看得出來為什麼這份工作需要真正的專家。

　　不過，如果你有做客戶企劃的熱情的話，就勇往直前。我從來不會勸阻學生追隨自己的熱情。就像我說過的，跟著客戶企劃學習，做跑腿的活兒，最有可能是進入廣告業最直接了當的路徑了。這也許會耗上許多年，然後你可能會開始實際在比較小的客戶及／或活動上做企劃的工作，測試你的技能。如我在本書開宗明義所說的，廣告這一行說到底就是跟人有關，我們稱呼他們為消費者，要做出有效果的廣告，最重要的就是要了解人，所以身為客戶企劃的你是整個撩落去的，一家綜合廣告公司為客戶做的所有大小事都是以你為核心。

愛上你的工作，等於花 2/3 的人生玩樂

理想上來說，你的愛好應該成為你的職業。換句話說，找到你喜愛做的事情，然後想辦法靠這個賺錢。如果你不愛你的工作，你就會做不好。所以，不要只是為了錢而進入某一行，因為如果你無法愛你所做，錢也不會來。你永遠競爭不過那些真的熱愛自己工作的人，所以搞到最後，你在這一行也賺不了什麼錢。

以我自己來說，我這輩子從來沒有工作過一天，我都是在玩樂，而且現在還是如此，只是我現在在教人家做廣告，而不是自己做廣告。好玩應該是人人的目標。每個人都會花 1/3 的人生工作，1/3 的人生玩樂，1/3 的人生睡覺。如果你把 1/3 的工作時間轉化成樂趣，看看會怎麼樣？頓時你是在花 2/3 的時間玩樂，而不是只有 1/3。

你找到終生幸福快樂的最大解方了，那就是熱愛你的工作。你不是在睡覺，就是在狂歡，這就是你想要的境界，而達到這個境界要比賺大錢更重要。所以這裡的啟示是：追求能讓你快樂，而非能讓你賺錢的工作。只要做的是你熱愛的、感到快樂的事情，你會做得很成功，錢財自然滾滾而來。

讓自己成為「目標市場」，讓噬血的吸血鬼需要你

廣告業是年輕人的天下，尤其廣告公司，特別是在創意這個領域。好比吸血鬼需要鮮血，廣告公司需要年輕人。絕大部分高獲利、高價位的品牌都把目標鎖定在 12 到 34 歲或甚至 12 到 24 歲的男性與女性，年齡層有時候會拉大一點，從 18 歲到 48

歲。所以，廣告公司聘用這些年齡層的員工是至關重大的事情。他們沒法雇用 12 歲大的小孩，所以次佳的選擇就是用 22 到 23 歲的人，因為這些人至少還記得 12 歲的時候是什麼感覺。

這是廣告公司為什麼必須雇用年輕人的緣故，他們實際上就構成廣告公司正在推銷的目標市場，他們比任何人都了解目標消費者，因為他們自己實際上就是目標市場。在這一行，到處聽得到這句話──「他就是目標市場」。不管你在廣告公司做什麼領域，當你也是某個品牌或活動的目標市場，你的意見就有舉足輕重的影響力。

當然，他們已經做過研究，手上都有資料，不過現在他們也有了你，就坐在會議室裡談論自己還有目標市場裡其他相關的消費者。每個人都在記筆記，仔細聆聽你說的話。他們知道這些都是街談巷議，不過他們也知道，在特定目標市場裡的消費者，有著共通的想法、感覺、經驗和「代號」（quick-speak），所以，你一個人的聲音就代表數百萬人的聲音。

舉例來說，如果我提到牛仔英雄卡西迪（Hop-Along Cassidy），你會有種溫馨的感覺浮現嗎？當然不會，你連聽都沒聽過這個傢伙。不過如果我跟 65 歲以上的族群提到他，就會看到他們臉上浮起大大的微笑，表示認得這個人。此人是 1940 及 1950 年代的廣播及電視牛仔明星，那個時代的人都知道這個名號跟系列電影。這裡的啟示是──我們全都是我們那個世代的一份子。

同一個世代的人之間有著自己的「代號」，反映出某個特定時期的共同成長經驗。有著共同回憶的人是自己人，比外面的人更能明瞭這些共通的體驗，因為他們親身經歷過。廣告公司就

是想要這樣的人來擬定策略、創作廣告、管理客戶。就好像吸血鬼需要鮮血，**廣告公司需要了解最重要的目標市場的人，因為「他們就是目標市場」。**

因此，從某方面來看，年輕處於不利的位置，因為你缺乏經驗，不過年輕也是很大的本錢——你年輕，而經驗豐富的前輩們不年輕了，所以他們迫切需要你。千萬別忘了這一點，也千萬別害怕打出你最大的王牌——青春。在廣告業，青春就是魔力，但青春也轉瞬即逝，只能延續短短幾年，這個龐大的優勢就消失了，一去不復返。所以，隨時隨地盡可能對著任何人打出這張王牌，他們需要你的青春，他們也心知肚明。他們必須雇用年輕人，而讓他們雇用你，就是你的責任。

成為創意人的入場券

讓自己的作品集永遠是現在進行式

　　如果你決定走創意路線而不是去做其他三種領域的工作，可是你就是弄不出你的作品集來，其中一個解決方法是去念作品集學校（portfolio school）。廣告作品集學校是學士後念的學校，他們做的事情正如其名——把文案寫手和藝術總監兜在一起，提供創意簡報（這也是他們的任務），學程結束時就能產出一本作品集。越大、越好的廣告公司，因為有太多人上門求職，所以只會面試那些上過作品集學校的人。這是一種限制面談人數的簡便做法，只押寶在受過較多訓練、成熟度較高、有較多自主創作的學生身上。所以，去念作品集學校的好理由並不少。

　　而不去念的其中一個理由，是這些學校非常昂貴也很耗時間。大多數的作品集學校，念一年全時制學程的學費要到兩萬美元，而且很多學校都會要求學生全職念書。在沒那麼有名氣的學校，你可以挑選想上的課程，隨自己的高興來來去去，省

下一些金錢和時間。你決定花這種錢以前，奉勸你先試著自己做出一本作品集，本書的最後一篇便能幫你起頭。

　　由於所有廣告都是基於某個策略而做，很多學生在建構作品集時，為了構思自己的策略與創意簡報而吃足苦頭。我會幫助各位，提供創意簡報給你們，並且提示這些創意簡報所需要的廣告系列活動。完成任務後，你便能打好一本作品集的基礎，接著，你需要做的，便是配合你自己的獨特聲音與才能加以精修微調。

打造創意作品集的起步：展現你的獨特觀點

　　剛開始的時候，你的作品集裡都是「自主創作」（spec）作品，spec 是 speculative 的縮寫，意思是你展示出來的作品都是為了表現創意，而非實際為了某個客戶而做。等你有了工作經驗，大多數的作品就會是實際為了客戶產製，而非自主創作。不過，即便是經驗豐富的文案寫手，他們的作品集裡也會有自主創作但並未被實際製作出來的廣告系列，不過他們很喜愛這些作品，所以想要賣弄一番。這樣做是完全可以接受的。

　　那麼，做一本作品集的首要目標是什麼呢？最重要的是展現出你的獨特聲音。我在教學的時候，會稱為你的「獨特觀點」（Unique Point of View，POV）。在你跳到第 14 章以前，先重讀本書有關創意的章節。如果你還記得的話，傑出的創意會以不尋常且出人意表的連結及獨特觀點使人感到驚艷。你的作品集就是要展現出這件事情。你必須證明，你看事情的方法是獨特、出乎意料、超出常理的。

在 14 世紀，大多數的人都認為世界是平的，哥倫比亞等人卻看到世界是圓的。**你在作品集裡就是要實際展現出這個——看事情的新鮮角度。**新鮮、新穎、新奇，這是每個創意總監都在追尋的東西，而你想要讓創意總監訝異、驚奇且愉悅地把頭往後一仰，說：「哇！我沒想過可以這樣做這個品牌！」創意總監在追求新鮮的獨特觀點和獨特聲音，能把消費者從一片死氣沉沉中搖醒，並且感到耳目一新。做出四到五個廣告系列，展現出這種程度的創意，就是你的作品集的首要目標，別的事情都在其次。

現在你明白作品集的首要目標，讓我們進入實際做出一本作品集的具體細節。首先，我會建議你完成第 14 章裡所有的創意簡報。如果你還記得的話，創意簡報是客戶企劃流程的成果，闡述品牌或公司的策略方向。在大型廣告公司，這件工作由客戶企劃負責完成，比較小型的公司則由別的職稱的人來做。創意簡報為創意部門的人下達指令，並且說明廣告活動的需求和參數。

照我說的，做完全部的創意簡報，不過只做文案的部分——不要做版面配置、電視分鏡圖或任何形式的圖像，這些放到後面再說。把重心放在你的大創意上，構思出極為獨特且令人意外的獨特觀點——這是你作品集的首要目標。在這個階段去做版面配置和電視分鏡圖，只會讓你分心。學著用文字去描述你的視覺圖像，詳細程度要到足以使人了解你的構想，但切莫流於冗長累贅。

在作品集上呈現視覺專業度

至於廣播與電視廣告，請用我已經提供的腳本格式。當你只用文案的形式做完所有的創意簡報，回頭瀏覽做出來的成品，挑出四到五個你認為通過「新鮮感」測試而且是最好的廣告系列，接著，只為這四到五個廣告系列增添版面配置、字體、電視分鏡圖等等血肉。

如果你是文案寫手，你大概沒有完成這些內容的美術才能。事實上，這是文案寫手覺得他們需要念作品集學校的其中一個主要原因。因為藝術總監也會上這些學校，他們會幫你在幾個不同的廣告活動中跟幾個不同的藝術總監配對，因此你的作品集在視覺上會看起來非常專業。不過，像我先前說過的，這很花錢，而且是很多錢。所以在跨出這一大步以前，你也許能透過接下來的一個或多個方法，讓自己的作品集達到同等的視覺專業度。

你可以做的第一件事情，當然就是不幫你的作品集做任何繪圖，呈現出本來面貌──以文字描述視覺，而非做出實際的視覺圖像。這能使你的作品集不會因為你的繪圖能力太差而看起來生嫩業餘，我在找第一份工作的時候，就是用這種方法。不過，當時也沒有作品集學校，所以每一個想要當文案寫手的人都是這麼做。

如今，你也知道，作品集學校的出現，大大地提高了這方面的要求，廣告巨擘裡大型創意部門的創意總監和經理們已經習慣看到作品集裡有針對各種媒體、內容充實的廣告製作，甚至有3D 立體直郵行銷品、促銷品及線上遊戲、競賽、APP 等等非媒

體類製作。有鑑於此，即便你的點子新鮮、新穎、新奇，看起來也會變得無聊、無趣、無味。

新鮮點子全然的廣度與力道能克服這一點，不過風險很高。創意總監和部門經理如此習慣全視覺化的作品集，已經不想瀏覽純文案的作品集了。此外，就像我先前所寫的，由於所有偉大的廣告都是視覺化的，你的作品集沒有實際的視覺，必然局限了視覺的影響力，不管你的描述有多好都一樣。即使你解釋說你「不是藝術總監」，而且「缺乏繪畫能力」，恐怕也無法克服這個劣勢。所以，我想你也看得出來我對這個方法有什麼看法。由於你跟某個創意總監大概只有一次面試機會，所以一定要盡力達陣。那麼，該怎麼辦呢？

這會把你帶到第二個選擇。當你挑出四到五個想要放進作品集的廣告作品——全部都是文字，你可以聘請一位藝術總監幫你把腦袋裡的東西充分視覺化。這很貴，可是沒有念作品集學校那麼貴。說不定你有朋友可以用合理的收費幫你做，又如果你還在大學念書，也可以登廣告徵求美術系的學生，花錢請他們做。

最後，你可以打從一開始就真的找個藝術總監跟你合作，其實就是組一間兩人的作品集學校。你可以跟對方共組團隊，就像在廣告公司的工作那樣，合作進行我提供給你的創意簡報。你提供文案，你的夥伴則提供圖像。等到作品集完成，你們兩人就可以分道揚鑣，各自去展示這本作品集（清楚地讓大家知道你是跟某位藝術總監合作），或者你們也可以用團隊的方式去廣告公司簡報。

一直都有人這樣做，有些廣告公司可以接受，有的則很討厭這種做法。你得親自走過一遍，搞清楚哪個是哪個。其實，很

多這類文案寫手與藝術總監的團隊，是在作品集學校裡鍛鍊出來的，兩人相處起來就是這麼融洽，喜歡一起工作，而且能做出了不起的作品，所以他們決定組成團隊一起到廣告公司找工作。

最後一個選擇：去上課，上到足以找到工作的程度

你的最後一個選擇是去上作品集學校。不過，你大概會想至少先嘗試過前面的其中一個選項。如我先前說過的，試著用我剛剛列出來的三種方法之一做出自己的作品集，不會有什麼損失。然而，當你完成作品集的文案稿後，如果不覺得這些選項能幫你找到想要的工作，那就開始去找一間作品集學校吧！

要記得，不是所有的作品集學校都一模一樣。務實地面對你的財務狀況，你為了念大學可能已經負債，現在最不需要的就是更多債務，那麼，說不定你需要找一間可以夜間兼讀的學校，挑選你想上的課程和上課時間，這樣你就能保住白天的工作。另一個不是每個剛起步的人都知道的小祕密，是你不必念完作品集學校才能找到工作，只要念到「足以找到工作」就可以了。

比方說，你可能在第一個學期就真的碰到一個合得來的藝術總監，你們兩個決定跳過剩下的課程，一起做出一本作品集。就算這種事情沒有發生，你也可以自立自強，只念一年，應該便有夠多的好作品可以做出一本作品集。所以那些要求念完兩年課程才能畢業的學校，常常在第一年結束後就有學生離開。如果你中意某間學校，可是因為要承諾念兩年而有所猶豫的話，記得這件事情。

重要的是去檢視第一年的課程內容，確定你真的有在做創

意，這樣的話，一年後就有作品可以展示。有些學校會強迫你在第一年選讀先修課程，然後才能在第二年選創意課程。這顯然對他們有好處，因為這樣才能把你留在學校念兩年，但對你來說就不是什麼好事。

最後，如果你決定走作品集學校這條路，要慎選學校。一定要跟裡面的教師談一談——他們是創意大師嗎？他們知道自己在講什麼嗎？就算是，他們能教會你嗎？有些最有成就的創意人，卻是眾所周知的差勁老師與指導者。我也堅持你要跟現在的學生及畢業生聊一聊。正在念的學生滿足了他們的期望和需求嗎？畢業生有找到工作嗎？在哪一間公司？是最好的還是最遜的企業？我甚至會要求旁聽兩堂課，看看是否適合。簡言之，要有買方意識。你的調查、考慮、考察做得越多，就越能買到貨真價實的東西。

創意旅途的岔路

如果你認為需要上作品集學校，才能把作品集做出來，那麼你我一路走來的旅程已經到了岔路口。我認為你在念自己所選擇的學校時，這本書裡學到的東西會對你很有價值。方法上一定有些微不同之處，但我相信這一行的人都可以證明你在書上學到的原則正確無誤。所以，儘管我不認識你，也沒有在課堂上教過你，但我有信心，我已經給了你一個很好的開始，幫你實現當廣告文案寫手的夢想（還有廣告藝術總監，如果你是做美術這方面的）。在此致上我誠摯的祝福。

至於那些想要同我一起走完這趟旅程的人，對於作品集的

組成、書裡創意簡報的內容，以及你在落實作品集時可用的各種替代方案或混合途徑，我還有進一步的建議以及更多細節要告訴你。

四大要點，靠作品集展現獨特的你

如我曾說過的，你的作品集最重要的唯一目標，就是展現出新鮮的獨特觀點與獨特聲音。有鑑於此，以下是做作品集時要考慮的其他事情，以便你達成目標——找到好工作！

1. 在達到你想要的境界以前，你的作品集應該屬於進行中的狀態，內含足夠的細節解釋清楚你的構想。意思是說，你應該一直去微調它，把它做得更好。如果有兩個或更多個創意總監說，其中某個廣告系列的水準不及其他，那就放棄。

這種情況發生在我身上過。我做了一個自己很喜愛的箭牌（Arrow）襯衫廣告系列，可是李奧貝納公司有兩個創意總監對它有意見，所以我把它拿掉了。就像某人說過的：「有時候你就是得親手扼殺你的寶貝。」每一個你做出來又很喜愛的廣告，就像是你的小孩。可是，你的作品集是不是好作品，就看最薄弱的那個環節。如果最弱的作品被兩個或更多個創意總監指出來，留心他們提出的警訊，放棄吧！不太有人會對你直言不諱，要你把它拿掉，這就直接帶到我要告訴你的第二點。

2. 作品集是你的工作成績集錦，不是把你做過的或你喜愛的所有作品都放進去。我會這麼說，是因為展示出三個傑出的廣告系列，遠遠好過於提出五個平庸之作。作品集裡每一個平庸的作品，都會讓創意總監對你的作品集心生懷疑。創意總監會質疑

你是否有能力分辨新鮮、出人意表的作品跟平庸陳腐之作。所以，如果你對作品集裡的某個廣告系列有任何懷疑的話，我的座右銘是：有懷疑就拿掉！

3. 有機會的話，你會想要讓你的作品集保持短小精幹，而非冗長平庸。不過，在這個指導原則下，你應該努力以變化多端的方式展現出你的創作力。你應該秀出你在各種媒體上的技巧——電視、廣播、網路、平面和戶外廣告。你應該在非媒體類的行銷傳播上表現出你的創意，像是 3D 直郵廣告、促銷品或互動式社群媒體。你應該在一到兩個作品中呈現你的文字駕馭技巧。隨時隨地顯露出你的視覺化思考能力，表現你對影片及其獨特語言的認識。你明白我的意思了吧！多樣性能增添作品集的風采，證明你的獨特觀點與獨特聲音可以超越媒體、行銷傳播的學門、甚至廣告本身。換句話說，有些創意總監喜歡在你的作品集裡看到非廣告類的範例，以便加強他們對你的才能評估。因此，你可能會想要把你寫的短篇故事或你拍來放在 YouTube 上的短片放進來。

4. 最後一個訣竅：你可能會想要做兩到三本不同的作品集，用來展示給不同的廣告公司看。比方說，如果你面試的是主要做直接回應式平面廣告的公司，你可能會想要秀出的廣告系列，能特別展露出你在該項媒體及／或行銷傳播載具上的技能。如果你面試的是所謂的數位廣告公司，同樣的道理也適用。可能只是在作品集裡插入兩到三則作品，或是實際做出完全不同的作品集，只有你能決定，所以就去實驗看看會怎麼樣。就像我說的，除非找到工作，否則你的作品集永遠沒有完成之日，在那之前，它都是你在不斷精調、優化與擴充的進行式。

了不起的創意，加上了不起的創意簡報

除了做第 14 章的創意簡報，你也可以自立自強。在我的文案課堂上，我會在整個學期中提供類似的創意簡報給學生，可是在做最後一個專案時，我允許班上的同學挑選產品類別以及該類別下的兩到三個品牌去做廣告系列活動。還有，我並沒有像一般上課時那樣給他們策略，而是讓他們想出自己的策略。不過，他們必須依照我的格式，裡面有目標市場剖析、品牌承諾、品牌洞見、消費者洞見及甜蜜點（sweet spot）。甜蜜點其實就是他們必須命中的目標，是廣告活動要能「落實」的策略。

現在，你可以花個一分鐘時間掃視創意簡報的內容，明白我說的意思。從我的觀點來看，我給學生空間去構思自己的創意簡報與目標對象，是因為如此一來，他們便能「逆向工作」（work backwards）。我的意思是這樣的：我鼓勵學生先想出新鮮的點子，不要煩惱能不能落實策略的問題。接著，等他們想出「大創意」以後，就可以逆向工作，研擬出一套適合這個點子的創意簡報。這對創意人來說是個極大的奢侈，在真正的廣告公司不是這樣做事的。

但是，在做作品集的時候，這是可以接受的，因為說實在的不會有人知道或在乎。像我先前說過的，做作品集的主要目的，是展現出你的新鮮獨特觀點和獨特聲音。創意總監們也想看到你明白所有的廣告都是基於某種策略而做，這是作品集裡每個廣告系列都會附上一則創意簡報的原因所在——它能證明你清楚這個重要的事實，而且你可以做出能命中或實踐某個策略的廣告系列活動。然而，創意總監絕對無從得知出現的先後順序。所以，

他們也不關心這個，只在乎你的廣告製作是否能確實命中或落實該項策略。他們不會在意是哪一個先做出來。

這就是做出你的作品集為什麼如此重要的原因。**想出了不起的創意，然後寫下可以與之搭配的創意簡報，能帶給你很大的優勢，達成每一本作品集的目標——展現出你那令人汗毛直豎、大膽無畏、出人意表的獨特觀點。**我在做我的作品集時，會到一個安靜的處所，就只是幫廣告活動構思出色的好點子，不擔心自己如何、何處或何時才能用上這些點子。這是一種純粹的腦力激盪，我極力建議你採取這個方法。你會找到很多樂趣，發現當你覺得好玩的時候，創造力無限馳騁。

此外，像做作品集這樣開始進行任何創意工作的時候，最是令人感到膽怯，你很有可能在這種時候放棄走人。所以，在初期階段要非常放鬆，而且沒有時間限制，幫助自己度過危機。我會跟自己約定好，每天只需花一個小時做這種腦力激盪，這樣就夠了。然後持續保持下去——日復一日、週復一週，讓好點子源源不絕地冒出來。

接著，當你覺得你有了足夠的好點子和新鮮的獨特觀點，便進入第二個階段——挑選的過程。精調、組合與刪減。然後，假定剩下來的都是你最厲害的點子，找到一個可以與之匹配的品牌，並且寫下一個創意簡報（策略），內容會導向你已經構想出來的那個廣告系列製作。基於很多理由，這是個非常有效的方法。所以如果想到做作品集就會讓你感到膽戰心驚、難以克服的話，試試這個方法，你很快就能上路。

當然，你也可以採取複合式的做法——以第 14 章的創意簡報為起點，然後修改簡報，使之符合你為我所挑選的品牌想出來

的點子。你也可以用混搭法，意思是你的作品集裡可以放兩個用我的簡報做出來的廣告系列，然後自己想出兩個廣告活動。

在做作品集的時候，所有這些各式各樣的組合都是可被接受的。事實上，任何能幫你做出作品集的東西都是好東西。所以，要多方嘗試，直至找到對你有用的方法。最重要的是你確實做出你的作品集，展現出你的獨特觀點與獨特聲音。就算沒有不必要且沒幫助的妨礙，做作品集都是一件很難的事情。盡可能善用所有的優勢。

我在本書納入創意簡報與任務的主要理由，就是要提供你一個催化劑，讓你開始動手並完成你的作品集。就像我說過的，有志從事文案工作的人沒能成為真正的文案寫手，唯一一個最大的原因，就是他們從來沒有把自己的作品集弄出來。這些訣竅和創意簡報就是為了幫你起頭而設計的，它們能讓這個過程不那麼嚇人且有壓迫感，而且比上作品級學校便宜許多。

Part IV

實用篇

13 向甜蜜點移動，展現跨媒體能力

七大檢核、十大守則讓自己做對好廣告

　　有太多領域會用到「甜蜜點」這個字眼，無法在此一一列舉。我是在教「客戶企劃」這門課的時候選用麗莎・弗蒂妮——坎貝爾（Lisa Fortini-Campbell）寫的一本書《正中甜蜜點》（*Hitting the Sweet Spot*），而第一次接觸到這個字。她在書裡提到，甜蜜點就是客戶企劃為了讓目標市場購買某項商品或服務，所必須按下的那個按鈕。

　　我在教學的時候，又把它往前推演了幾步，聚焦於為了在相近的產品類別下有所區隔，而經常需要用到的情緒訴求，更進而結合我在智威湯遜學到的溝通原則，也就是本書前面談到的「刺激與反應」。這個理論或原則的意思是：我們廣告業的工作，就是提供能引起目標消費者正確反應的刺激，而不是讓目標消費者對廣告產生應該要有的實際反應。

　　這個理論乃基於一個想法，亦即所有的溝通都是雙向的，即便像廣告這樣的大眾傳播也是如此。所以，在第 14 章的創意

簡報裡，甜蜜點永遠用第一人稱描述，而且加上引號，因為它代表目標消費者看到你的廣告應該要有的想法、感覺或內心的吶喊。換句話說，**你的廣告就是引發消費者產生情緒反應的刺激物，給他們下手購買的動力。這個反應就是「甜蜜點」。**

　　從策略上來看，這是一種非常精巧的廣告手法，心臟不強的人是用不上的。打從一開始就搞懂它並不容易，落實在廣告中更是困難。不過，它很有價值，因為幾十年來的消費者研究告訴我們，有將近，70% 的購買都是出於衝動，換句話說就是不理性。你也已經知道，同一個產品類別下的品牌彼此之間相去不遠，是一種常態而非例外。光憑這兩個理由，以情緒訴求命中甜蜜點就能凸顯你的廣告，感動消費者的心。

向甜蜜點移動：品牌洞見＋消費者洞見＝甜蜜點

　　你會注意到，第 14 章所有的創意簡報都是「奠基」在甜蜜點上。首先，做廣告一定先從描述目標市場開始，不知道目標市場是誰，就什麼事也做不了。所以，如果有人要求你做一個廣告系列活動，你的第一個反應應該是：「誰是目標市場？」如果他們說不出來，那你就會做不出來。舉個非常簡單的例子，說明目標市場對廣告活動的影響有多麼大。想像一個廣告是為了 12 歲大的孩子喝的健怡可樂而做的。懂了吧？現在，想像一個廣告是為了 34 歲到 48 歲的人喝的健怡可樂而做的。差別在哪裡？沒錯，天差地遠。

　　知道目標市場之後，便可以開始琢磨想要透過廣告傳達的訊息。先從品牌承諾開始，你會注意到我所謂的品牌承諾，非常

接近雷夫的獨特銷售主張，但我換了一個用詞，因為我認為「承諾」更能準確描述你在這個階段需要溝通的內容。品牌承諾談的是現實中的品牌，就跟雷夫的獨特銷售主張一樣，跟頭腦有關，跟心無關。

我們從這裡前進到洞見。洞見不是解釋或說明，而是一種揭示——先針對品牌，再及於目標消費者。此時，我會回到弗蒂妮—坎貝爾《正中甜蜜點》這本書中的某些思維，不過，就這個意義上，我更進一步地認為品牌洞見有 75% 是「頭腦」，25% 是「心」；消費者洞見則反過來——75% 是「心」，只有 25% 是「頭腦」。

我在這裡變得非常「數據化」，是因為我在慢慢地把這些創意簡報（以及你）從像我們這類廣告從業人員的理性思考，帶到形成 70% 消費者購買決定的非理性動機。你會注意到，我用第一人稱來寫消費者洞見，而且用引號括起來。我這麼做是要幫助你進入目標消費者的「骨子裡」，你必須如此，因為如果你想要有一絲操縱他們的希望的話，對你的消費者便要有同理心。你必須感同身受。

最後，我們更進而深入到消費者的「心坎裡」，並且終於抵達甜蜜點。甜蜜點是 100%「心」的作用。到了這個時候，一切便跟品牌無關，只關乎消費者。回到本書最初談情感訴求那個章節，若你記得的話，我們學到了當我們在做情感訴求的時候，這個訴求應該反映出目標消費者的意義系統。而且我們有兩個圓——一個代表消費者，另一個代表品牌。當我們把這兩個圓合起來看，重疊的部分就叫做甜蜜點。

弗蒂妮—坎貝爾沒有用到圓，而是用一個方程式來描述同

樣一件事情：**品牌洞見＋消費者洞見＝甜蜜點**。這種說法同樣有效。我只是認為視覺化對於理解總是很有幫助，所以我用了圓形。

此外，我在創意簡報裡使用第一人稱加上引號來表達甜蜜點，是因為這些甜蜜點都是真實的人性，超越廣告而直指目標市場的意義系統核心。使用第一人稱加上引號，能透徹地表達出甜蜜點是我們想要目標市場看到廣告時會出現的反應。廣告引起消費者的反應，接著鼓勵他購買我們的品牌。

甜蜜點的邏輯是因為消費者在做出購買決定時，四次當中有三次是憑著感覺而非理智，那麼，我們的廣告便須訴諸情感而不是理性，和目標消費者接上線——也就是進入他們的心坎裡。

任何阻礙你做出作品集的東西都是壞東西！

不過，對身為新手的你來說，可能很難「搞定」甜蜜點。我知道這對我的學生來說很困難，而且我其實是一個案子、一個案子地教他們做。因此，如果最後你搞不定創意簡報裡的甜蜜點而感到氣餒的話，就跳過算了，繞去落實品牌承諾的部分，後者如我說過的，跟雷夫的獨特銷售主張十分雷同。

我會這樣說，是因為任何阻礙你做出作品集的東西都是壞東西。一如我先前討論到的，獨立做出一本作品集是很困難的事情，我們並不希望在這條路上設下路障，所以如果搞定甜蜜點成為這樣一種路障的話，就丟了它，不要讓任何東西妨礙你做出作品集。

當然，你也許發現可以採取混搭法，在某些創意簡報上，

你可能覺得自己已經成功搞定甜蜜點，而在別的創意簡報則決定轉而落實品牌承諾。就像我說過的，你的作品集最重要的目標，應該是展現出嶄新的獨特觀點和獨特聲音，跟策略無關，所以不要讓策略搞砸了你的創意大秀。甜蜜點在這裡只是當成廣告製作所欲命中的標靶，並藉此證明你懂得「所有的廣告都是在執行某項策略」這個道理。

過去我講授文案寫作課，在還沒採用甜蜜點法以前，曾經使用過把品牌承諾當成策略的做法。對剛起步的人來說，這是一個更為直接而且「做得來」的方法。你會注意到，所有個案的品牌承諾都是用這種句法來陳述：「某某品牌給你／讓你……得到什麼東西？」我會用這種語句結構，是因為這樣能非常清楚地表達你承諾目標消費者，購買你的品牌後能得到的東西。我認為，我在這些創意簡報裡所提出的品牌承諾，都是獨特銷售主張那個章節裡被我命名為修正版的策略。

換句話說，這些品牌承諾並非該品牌所獨有，不過，是該產品類別所獨有。因此，如果你還記得的話，我用 Wonder Bread 這個例子來做過說明，它的獨特銷售主張是「強身健體的八大法寶」。可是，所有預先切片好的包裝麵包品牌都有「強身健體的八大法寶」，不是只有 Wonder Bread 做得到。儘管如此，該麵包畢竟是這個類型中第一個如此宣稱的品牌，所以有了「所有權」，而（砸下夠多銀子打廣告後）消費者也逐漸相信只有 Wonder Bread 有「強身健體的八大法寶」。就像雷夫說的，它穿上了獨特銷售主張的外衣。

展現你跨平台、跨媒體的卓越能力

　　希望這本書能讓你學到很多，最好的證明就是把你學到的都應用在作品集裡。要記得，這就是作品集的目的——展現出你的獨特觀點與聲音。

　　第 14 章創意簡報裡的品牌來自各種差異極大的產品類別——從美則（Method）的居家清潔用品到黃石公園，應有盡有。我是有意這麼做的，因為我認為在作品集中展現出多樣性與變化性十分要緊。你想要讓創意總監對你的多才多藝留下深刻印象，而有能力處理不同類型下截然不同的品牌，是其中一個很重要的環節。再者，你會對某些產品類別比較有親切感，所以我在書中納入各式各樣的品牌，如此一來，大家都應該很有機會做出三到四個品牌與類型的優秀作品。

　　我會照著順序把這些簡報指派給學生做。它們全都要做成廣告系列活動，習慣上包含至少三則廣告。你可以做出更多個，但起碼也要三個。第一個廣告活動全部是平面廣告——雜誌，而非報紙，因為雜誌更常用來打品牌廣告，以便建立品牌個性。我喜歡從平面廣告做起，就像我說過的，因為「它就杵在那裡不動」。它是靜態的，而且在一開始你最有可能感到挫折與放棄的時候，做平面廣告比較容易成功。我希望從頭開始建立起你的信心，使你保持創作不輟。

　　接著我們會去做廣播廣告，然後是電視廣告，再來做多媒體活動，甚至做到多媒體——多行銷傳播製作。比方說，黃石公園的廣告系列活動要求做出一則電視廣告和一件 3D 立體直郵行銷品。只有電視廣告會用到媒體，也就是電視，而如我們前面在

書裡學到的，直郵行銷品是另外一種不同的行銷傳播載具或次領域，相當於廣告，但後者是唯一會使用到媒體——平面、廣播、電視、戶外或網路的行銷傳播載具。放心地用同一種廣告媒體或其他媒體多進行一些廣告製作，也可以多多使用同一種或不同的行銷傳播載具。回到黃石公園的例子，你可以增加一則網路橫幅廣告，或是會使用到社群媒體、YouTube、品牌或公司官網的互動式網路物件等等。

　　一定要記得，我納入這些創意簡報的目的是要讓你動起來。凡事起頭難，任何專案莫不如此。設計這些創意簡報，就是要讓你有個好的開始。你一旦上路而且有了信心以後，就能放心大膽地開始對簡報及裡面的任務增增減減。這樣更好。一定要讓這些簡報為你所用，而非對抗你。你才是老大，混、搭、增、減，竭盡所能地達成作品集的使命——新鮮、新穎、新奇。

　　有鑑於網路的重要性，我認為所有廣告系列都納入網路廣告會是很好的主意。你的廣告系列在 Google、臉書、YouTube、推特、Tumblr、Instagram、Pinterest、第三方網站，以及公司或品牌的官網上會如何運作？把電視之類的傳統廣告製作與新媒體製作加以媒合，能讓你表現出跨越多種平台的嶄新觀點。沒有什麼比這件事更能使創意總監印象深刻了。

　　關於創意簡報的最後一點：我提供給你的品牌或公司描述是不完整的。它只是幫你起個頭，引導方向，你需要自己深入挖掘，盡力找出跟你的品牌或公司以及競爭者有關的種種大小事。可喜可賀，如今有了網路，你真的可以在彈指間便擁有全世界，而沒有理由不去挖掘探勘了。我故意給你一些你可能未曾聽聞的品牌和企業，它們從來沒有打廣告或它們的廣告無足

輕重到你沒注意到，因為我不希望你被已經問世的廣告所影響。
這樣的話，你比較容易把你的聲音及獨特銷售主張印記在這些品
牌或公司身上。

七大檢核訴求，證明你的廣告確實做對了！

如你所知，我認為在作品集裡呈現廣告系列而非單一廣告
製作是很重要的事情。其中一大原因，是因為這樣能使你在包羅
萬象的傳統媒體、新媒體與社群媒體上展現出你的創造力。

第二，我相信這樣能證明你可以真正地從整合行銷的角度
想出大創意，其所具備的廣度、壽命與視野，能在媒體與非媒體
平台上感動數百萬人。你也應該複習我先前在書中談到有效的廣
告系列所應具備的思維，然後，當你充實某個廣告系列的內容
後，用下面的檢核項目來確認你已經達成所有的要求。

1. 你的廣告系列是否「命中」目標市場，能導向並落實你
在創意簡報中所闡述的策略？我會在每個廣告系列前加上一頁創
意簡報，你可以用我提供的內容，或者把它重製成你自己的簡
報。唯一重要的是你有一個該廣告系列能「命中」且「落實」的
目標市場與策略。表現出你有能力在策略、甚至是整個創意簡報
所框定的範圍下創作，是很重要的事情。創意人員鮮少對策略表
示意見，反之，別人會評估他們執行策略的良窳。所以，你必須
用你的作品集證明你做得到。

以我給你的創意簡報來看，如果你發現落實品牌承諾比甜
蜜點來得簡單的話，你可以這麼做。不過，假使你把我的甜蜜點

當成策略來用，一定要確定你落實的是甜蜜點，而非品牌或消費者洞見。記住弗蒂妮——坎貝爾女士在《正中甜蜜點》裡的方程式：品牌洞見＋消費者洞見＝甜蜜點。品牌與消費者洞見是走向終點的手段，而終點就是甜蜜點。

2. 你的廣告系列是否在視覺上引人注目而且難以忘懷？ 就像我說過的，所有偉大的廣告都是視覺化的。如果你的廣告系列在視覺上不吸引人，那你就沒有做出一個偉大的廣告系列。重來一遍。即便你只是文案寫手也不打緊，視覺成分太重要了，你不能坐視一旁，留給藝術總監去煩惱，而必須表現得像個積極主動的參與者，能想出極具說服力又令人難忘的視覺圖像，證明自己既能用文字寫作，也能用圖像寫作。

3. 你所有的廣告製作 —— 無論是媒體的或非媒體的，是否能產生綜效？ 你的目標市場是否能清楚看到，這些在各式各樣媒體與非媒體上的廣告都是同一個廣告系列活動中的一環，以同樣的策略鎖定同樣的目標市場？你是否有可以貫穿所有廣告的視覺與文案，可清楚識別這些廣告製作是構成整體（也就是廣告系列活動）的要素？

4. 如果你的廣告系列中包含平面廣告，你的標題是否做到每個標題必須做到的兩件事情——為目標消費者指出效益，而且是用高明、令人難忘、有創意的方式指出？ 小心變成拖拖拉拉的「毛毛蟲」——有消費者效益或承諾的標題，可是不夠高明、令人難忘或有創意到足以變成蝴蝶。

5. 如果你的平面廣告有內文，這篇「縮小版勸說文」是否提出證據，證明你在標題裡對目標市場所做的承諾是真的，並且經得起客觀獨立的事實檢驗？你是否遵循「三段式原則」，在第一段與第三段重複你的標題？

6. 你是否正確依照公認的**廣播與電視廣告格式**撰寫？使用正確的格式寫廣播電視的腳本及分鏡圖，能讓人看到你的專業度。

7. 最後，你的作品是否**工整、文法拼字正確、有妥適的遣詞用字、大小寫及標點符號**？在這些方面草率為之，不會讓人認為你是個很酷的創意人，只會為你工作的公司徒增可能的難堪罷了。

同時間要兼顧的面向很多。你有點像雜技演員，藉著把球在空中甩得越好越久，來證明你的技藝精湛。這從來不是一件容易的事，尤其你才剛入門。為了幫你一把，下面列出另外一份我給學生的十大守則，這些守則看來總是能讓他們步上軌道。

十大守則，成就你的絕妙廣告

1. 知道誰是目標市場。
2. 知道目標市場想要什麼。
3. 發展出一個能滿足目標市場的策略。
4. 把策略轉譯成一種簡單清楚的效益承諾，提供給目標市場。
5. 把策略與效益承諾轉換成清楚、難忘的視覺圖像與文字。

6. 在視覺上要有吸引力而且令人難忘,就算是廣播廣告也一樣。

7. 保持所有的廣告製作簡單、專一而且完全聚焦於承諾給目標市場的效益上。

8. 確保你的標題內含有效益承諾,而且要用高明、令人難忘的方式闡述之。

9. 盡量保持廣告內文簡短,而且在消費者效益承諾上具有客觀的說服力。

10. 一定要把你希望目標對象做什麼講得一清二楚:你的行動召喚是掃描 QR Code、上網、打免付費服務電話、使用優惠券購物、到某家特定的店面去⋯⋯不管什麼都可以。

終於講完了!現在,就看你顯身手了。祝你好運!

14 讓你功力大增的 14 則創意簡報

Suki Naturals 護膚品，乾淨到讓你可以吃下肚！

「思想若不危險，便不足以稱之為思想。」

——奧斯卡・王爾德（Oscar Wilde）

　　當我開始做一個新的專案，不管是廣告或是別的案子，總是會想起王爾德這句話。它鼓舞我伸出手來向前延展，而且永遠不害怕。超乎尋常的新鮮點子一定很嚇人。這不是壞事情。事實上，它是個很明確的徵兆，表示你在做的是很了不起的東西。希望這句話也能對你有所提醒，如它向來賦予我的一般，給你勇氣。

創意簡報 1：克里夫蘭動物收容所

　　克里夫蘭動物收容所（Cleveland Animal Protection League）是一間獨立的非營利動物保護協會，服務地區在美國俄亥俄州的凱霍加縣（Cuyahoga County）。該機構每年拯救超過一萬隻動

物，目前是北俄亥俄州最大的動物庇護所，提供無家可歸的寵物安身之所，並且提倡慈悲與盡責的動物監護權，是一間嚴格恪遵不殺生的機構。此外，克里夫蘭動物收容所也透過動物保護調查去竭力對抗虐待動物及疏於照護，它不受任何國家級動物福利組織或政府機構的資助或控管。

活動目標

為收容所內年老衰弱的貓狗安置新家。

目標市場

男性及女性、年齡 35 歲到 69 歲、念過大學、年薪六萬美元以上、有小孩或沒有小孩。

品牌承諾

克里夫蘭動物收容所承諾 100% 安置所有老弱動物。

品牌洞見

克里夫蘭動物收容所是幫助老弱貓狗最有效的途徑。

消費者洞見

「大家都喜歡剛出生的小狗小貓，又有誰會來愛這些又老又弱的動物呢？」

甜蜜點

「老弱的貓狗最需要我們的愛。」

你的任務

創作一組雜誌廣告系列，至少包含三篇全版、全彩廣告，刊登在像是《克里夫蘭》（*Cleveland*）雜誌或其他類似的區域性刊物上。

內行人小訣竅

安置剛出生或年幼的小貓小狗很容易。這個廣告系列是用來勸服我們的目標市場，收容最可能留滯在機構裡並且耗費寶貴金錢的老弱貓狗，不要錯失或偏離這個重點。

創意簡報 2：美則居家清潔用品

坊間流行的居家清潔品牌都走偏方向——用有刺激性的化學物殺死如泥巴之類相對有益的有機物。不過，美則居家清潔用品是可生物分解的、無毒的，而且從來不用動物做實驗。它們擁有清新自然的氣味，表示其成分都是純天然的。最好的是，它們的效果與價格可以跟頂尖品牌一較高下。

活動目標

讓目標市場意識到有效的居家清潔可以避免使用化學品，而且是生物可分解的、無毒的、對人類與動物友善的。

目標市場

男性及女性、年齡 23 歲到 48 歲、教育程度大學及以上、年薪九萬美元以上、單身或已婚、有小孩或沒有小孩。

品牌承諾

美則給你無化學添加、無毒的清潔威力。

品牌洞見

美則能做到居家清潔，還能達成更崇高的目的，使我們的居家及環境免受有害的化學物及毒物所「染」。

消費者洞見

「我不會在乾淨的居家和乾淨的環境中做抉擇，我兩者都要。」

甜蜜點

「作為一個文明的人類，我要有生態觀。」

你的任務

創作一組雜誌廣告系列，至少包含三篇全版、全彩廣告，刊登在像《純真》（*Real Simple*）、《女性健康》（*Women's Health*）及《好管家》（*Good Housekeeping*）這類雜誌上。

內行人小訣竅

美則不只關乎清潔，更是一種關於目標市場認為我們應該怎麼過生活的宣告——負責的、「乾淨的」、有機的。

創意簡報 3：護膚產品 Suki Naturals

　　Suki Naturals 是世界上最乾淨的護膚品公司，以 Suki Naturals 這個品牌製造各種各樣的產品。該公司已經簽下安全化妝品契約（Compact for Safe Cosmetics），表示他們的產品純天然到可以吃下肚。他們的極簡設計、低調、草本香氣，非常適合今日熱切擁抱自然、有機與永續理想的「年輕新女性」。

活動目標

　　在擁擠、消費量大的美妝產品類別中，建立 Suki Naturals 的品牌意識。

目標市場

　　女性、年齡 23 歲到 28 歲、教育程度大學及以上、年薪七萬美元以上、單身。

品牌承諾

　　Suki Naturals 以純天然、有機的方式給你健康亮麗的肌膚。

品牌洞見

　　Suki Naturals 是給肌膚吃的食物。

消費者洞見

　　「擦在身體上的東西必須跟吃進身體裡的東西一樣營養。」

甜蜜點

「我的護膚品純淨到可以吃下肚。」

你的任務

創作一組雜誌廣告系列，至少包含三篇全版、全彩廣告，刊登在像《時尚》（*InStyle*）、《柯夢波丹》（*Cosmo*）及《女性健康》（*Women's Health*）這類雜誌的紙本及線上版。另外，將平面廣告修改成三幅靜態橫幅廣告，用在各種針對年輕專業女性的網站上。

內行人小訣竅

Suki Naturals 乾淨到可以吃下肚這個看似瘋狂大膽的宣言，提供了龐大的空間可以做出吸睛又難忘的廣告製作。

創意簡報 4：Clif Shot 能量果膠

Clif Bars 食品公司生產的 Clif Shot 能量果膠是市面上唯一的有機果膠，包含的成分有糙米糖漿、果泥、海鹽及礦物質。在你最需要的時候，一劑健康的 Clif Shot 能給你快速發揮作用又好消化的碳水化合物及電解質。這類果膠可隨身攜帶，也方便隨時使用，非常適合在騎完長途自行車或路跑後食用。

活動目標

為 Clif Shot 建立起一個充滿活力的品牌個性，反映出動力十足又熱愛戶外活動的目標市場。

目標市場

男性及女性、年齡 19 歲到 38 歲、正在念大學、大學畢業、大學以上、年薪兩萬到七萬美元以上、單身或已婚。

品牌承諾

Clif Shot 以健康的方式提升你的能量。

品牌洞見

不健康地提升能量根本不算提升！

消費者洞見

「當我累到『撞牆』時，Clif Shot 給我衝破極限的爆發力。」

甜蜜點

「砰！爆炸性能量就在一管果膠內。」

你的任務

創作一組戶外看板廣告系列，至少包含三個看板。使用傳統的看版，非數位化的，錢不是問題，所以可以任意地延伸及打破看板。

內行人小訣竅

拿這個甜蜜點來玩玩花樣！利用預算無上限的機會，製作出醒目、令人驚嘆且難忘的戶外看板。很多學生會照字面意義解讀這個甜蜜點——讓能量果膠在整個看板上爆炸開來。這種做法

既不討喜，又會把焦點放在品牌的特徵，而非帶給目標市場的利益上。爆炸的應該是吃過 Clif 的人的能量才對。這是一個很好的學習，讓你把焦點放在品牌的主要利益上，而非品牌的實體特徵／屬性上。

創意簡報 5：蒂朵思手工伏特加

就跟單一麥芽蘇格蘭威士忌及頂級法國科涅克白蘭地一樣，蒂朵思手工伏特加（Tito's Handmade Vodka）是在德州用老式的壺式蒸餾器（pot still）所微蒸餾出來的。這種歷史悠久的方法比現代的塔式蒸餾法（Column Still）更耗工，不過卻很值得。僅取蒸餾出來的酒心精華「蜜液」，而把剩下高醇度與低醇度的部分捨去，以當前最精細的活性碳濾槽過濾淨化，除去酚類、酯類化合物、同屬物和有機酸。這種手工技藝更能掌控蒸餾過程，而得出極具風味且純淨的伏特加。

活動目標

用德州出名的大搖大擺、昂首闊步的態度，來為蒂朵思手工伏特加建立品牌個性，主張這個年輕男性目標客群能走出自己的路。

目標市場

男性、年齡 21 歲到 28 歲、正在念大學、大學畢業、大學以上、年薪兩萬到七萬美元以上、單身。

品牌承諾

一瓶蒂朵思手工伏特加，能帶給你德州人的氣勢。

品牌洞見

蒂朵思手工伏特加是用壺式蒸餾的德州風伏特加，讓你久久難忘。

消費者洞見

「如果你不能搞點亂子，人生又有什麼意思？」

甜蜜點

「蒂朵思手工伏特加體現德州人放手一搏的氣勢，是我所熱愛的。」

你的任務

創作一組平面廣告系列，至少包含三篇全版、全彩廣告，刊登在像《男性健康》（Men's Health）、《細節》（Details）及《男人幫》（Men's Journal）這類男性雜誌的紙本及線上版。另外，製作一則能和這些廣告產生綜效的 YouTube 影片。不是付費的前置式廣告，而是你希望能被人找到、分享，最後爆紅的影片。因為這段影片是廣告之外的一種行銷傳播載具，所以這是你的第一個整合行銷傳播活動。

內行人小訣竅

就像可樂娜在賣的是墨西哥海灘的放鬆生活模式，蒂朵思

推銷的是德州——態度、牛仔、長角牛等等。這個廣告系列需要讓蒂朵思手工伏特加沾上一些德州式的態度。想要刺激靈感，看看《上奇廣告大揭密》（*Inside Saachi & Saachi*）這部片子，由 Insight Media 出品，在圖書館應該找得到，網路上可能也有。

創意簡報 6：ZICO 高級純椰子水

ZICO 是 99.9% 的椰子水，以人工摘採世界各地長在樹上的椰子製成。ZICO 椰子水的鈉含量低、鉀含量高，而且 14 盎司包裝的熱量只有 60 大卡。ZICO 是純天然的水合物，在劇烈活動期間及之後補充椰子水，其成分可以很快的被身體吸收。無人工添加物，是快速補充水分的完美選擇。

活動目標

在別的品牌捷足先登以前，讓 ZICO 成為椰子水的同義詞。

目標市場

男性及女性、年齡 19 歲到 35 歲、正在念大學、大學畢業、大學以上、年薪兩萬到七萬美元以上、單身或已婚

品牌承諾

ZICO 給你全新又好喝的運動飲料，強化了你那活力充沛的生活型態。

品牌洞見

ZICO 是一種運動飲料，在很多方面都令人耳目一新、截然不同。

消費者洞見

「運動飲料——早就有了。有什麼新鮮的嗎？」

甜蜜點

「我想要甩開運動健身……還有我生活的一成不變。」

你的任務

創作一組廣告系列，包含三個 30 秒的廣播廣告，在 Pandora、Spotify 線上廣播電台、以及傳統的無線電和衛星廣播電台中播放。

內行人小訣竅

傑出的廣播廣告就跟任何其他媒體一樣是視覺化的。保持文字簡要，讓你的廣告充斥著音效、語助詞（嗯、啊、蛤等等）、音樂和歌曲等等。寫出的對白要像人們真的在說話一樣，使用片語、單字和語助詞，不要用完整的句子。拿 ZICO 這個奇特的品牌名稱來玩點花樣，同時建立起名稱識別度及品牌意識。

創意簡報 7：終生健身俱樂部

　　終生健身俱樂部（LifeTime Fitness）是一家連鎖健身中心，提供形形色色的活動給任何有興趣的人，且遍及任何年齡層。終生健康俱樂部很雅致、現代，而且吸引人。他們有最新的設備、完整的水療中心、籃球及壁球場、教室，並提供訓練及營養方面的親自指導。

活動目標

　　藉著反映出許多人對規律健身擁有宗教般的熱情，提高終生健身俱樂部的地位，使之超越競爭者。

目標市場

　　男性及女性、年齡 23 歲到 34 歲、大學以上、年薪九萬美元以上、單身或已婚、有些有小小孩。

品牌承諾

　　終生健身俱樂部給你一個在歡樂與享受中，保持體態強健的環境。

品牌洞見

　　終生打造出一個健身環境，讓運動成為你一天當中最重要的大事。

消費者洞見

　　「我對我的健身運動懷有宗教般的熱情。」

甜蜜點

「對我來說，運動是一種宗教性的體驗。」

你的任務

雖然蒂朵思要求做平面廣告與一則 YouTube 影片，不過這個廣告才是你第一個真正的多媒體廣告活動。創造一組廣告系列，包含一部 30 秒的電視廣告片，除了傳統的媒體外，還要在另類新媒體如 YouTube 及臉書上播放；一則 30 秒的廣播廣告，會在 Pandora、Spotify 線上廣播電台以及衛星廣播電台中播放；一篇全版、全彩雜誌廣告，加上三個任選地點的戶外廣告。

內行人小訣竅

記住，有電視廣告的多媒體活動中，在主題、視覺圖像、文案及活動標語上，都要讓電視廣告領頭先行。接著，這些要素應該貫穿其他媒體製作，藉此強化電視廣告對目標消費者群的效果，並且形成統一的廣告系列外觀與感覺。

創意簡報 8：傑班性感男香

傑班（Jovan）是一家精品香水公司，以其標記香水（signature fragrance）——傑班男用麝香香水油（Jovan Musk Oil for Men）公然宣傳性吸引力而聞名，公司有超過一半的營收來自這個品牌，而且目標市場的年齡層在老化中。為了把傑班的訴求拓展至第一次使用香水的客群——青少年，傑班開發了一個新的品牌，也就是傑班性感男香。

活動目標

讓傑班性感男香成為青少男在第一次選用香水時偏好的品牌。

目標市場

男孩子、年齡 12 歲到 18 歲、初中生與高中生、來自父母家人提供的可支配所得、單身。

品牌承諾

傑班性感男香讓你對女孩們有磁性般的魅力。

品牌洞見

傑班性感男香是散發磁性般性吸引力的「捷徑」。

消費者洞見

「我需要『萬無一失』的性吸引力，因為女生讓我緊張死了。」

甜蜜點

「現在，我只要一走進房間就可以燃起女孩們的『愛火』。」

你的任務

有鑑於目標市場非常年輕，這個廣告系列應該完全使用新媒體。先做一個能被人流傳的 YouTube 影片，希望它會在網路上爆紅。接著補上在 YouTube 上播放的前置式廣告片以及登在臉書、Twitter、Instagram、Tumblr 及其他社群媒體網站上的廣

告。做三則只在 Pandora 及 Spotify 線上廣播電台播放的廣播廣告。再做一套含有多個廣告製作的靜態橫幅廣告系列，登在初中與高中的網站及其他網站上，這是你的第二個整合行銷傳播廣告活動。

內行人小訣竅

大多數青少男都非常不確定自己對女孩子的吸引力有多少。當然，他們知道沒有任何香水做得到這件事，可是他們的態度是：「管他的，反正也不會壞事。」所以你的廣告系列應該要好玩，不過還是要給這極度不安全感的目標對象真正的希望。儘管不同於終生健身俱樂部案所使用的傳統媒體，你在這裡還是要做 YouTube 影片跟電視廣告，所以，要確定由它們來帶領其他的媒體廣告。

創意簡報 9：
百事可樂的 Oxygen New Breath 氧氣水

在運動、工作一整天或泡了一晚上酒吧之後，可以把 Oxygen New Breath 氧氣水當成提神飲料喝，它內含的氧氣是一般瓶裝水的 12 到 15 倍。額外提高含氧量的 Oxygen New Breath 氧氣水，保水性比較好，能提振能量、皮膚彈性及幸福感。Oxygen New Breath 氧氣水以高壓溶解的方式增加額外的氧氣，在非常擁擠的非酒精類飲料市場上，提供疲倦的消費者一個新選擇。

活動目標

在其他大型競爭者如可口可樂、雀巢加入戰局以前，介紹 Oxygen New Breath 氧氣水上市並建立知名度，幫百事公司打進這個特殊利基市場。

目標市場

男性及女性、年齡 18 歲到 24 歲、高中生和大學生、打工或來自父母家人的可支配所得、單身

品牌承諾

Oxygen New Breath 氧氣水讓你精神一振，別的品牌都做不到。

品牌洞見

Oxygen New Breath 氧氣水如此與眾不同，真是不可思議。

消費者洞見

「我總是喜歡嘗試新花樣。」

甜蜜點

「我喜歡嘗鮮，創造新的體驗。」

你的任務

這個年輕的族群活在網路上。先做一個能被人流傳的 YouTube 影片，希望它會在網路上爆紅。接著補上在 YouTube 上

播放的前置式廣告片以及登在臉書、Twitter、Instagram、Tumblr 及其他社群媒體網站上的廣告。也要計畫讓前置式廣告能在無線及有線電視上播放。做一則廣播廣告，在 Pandora、Spotify 線上廣播電台、無線電和衛星廣播電台中播放。再做一套含有多個廣告製作的靜態橫幅廣告系列，登在網路上或用在實體世界的戶外看板上。做一個線上遊戲／競賽。

內行人小訣竅

這個整合行銷傳播活動有兩個廣告以外的其他行銷傳播載具——有互動性的 YouTube 影片和一個促銷用的遊戲／競賽。然而，這些要素仍然應該跟隨電視廣告的帶領，和電視廣告及其他廣告系列中的要素產生綜效及統合性。

創意簡報 10：奧伯魏斯乳品

1915 年，彼得・奧伯魏斯（Peter Oberweis）發現他的牛奶太多了，所以開始把牛奶賣給鄰居，因此開了奧伯魏斯乳品（Oberweis Dairy）這家百年老店。奧伯魏斯販售的牛奶都是玻璃瓶裝，而且他沒有一家乳牛場在乳牛身上使用生長激素。事實上，他們對待乳牛猶如家人一般，因為奧伯魏斯知道，只有乳牛好，生產出來的牛奶才會一樣好。

活動目標

為奧伯魏斯打造一個完整的小農品牌個性，使之有別於而且優於「大量生產」的乳品製造商對手。

目標市場

女性、年齡 28 歲到 48 歲、有些大學畢業以上、年薪七萬美元加上家庭收入、已婚、至少兩個小孩。

品牌承諾

奧伯魏斯給你的牛奶，產自快樂健康的乳牛。

品牌洞見

奧伯魏斯用「對」的方法做牛奶。

消費者洞見

「老派的小農生產的牛奶比『一般』的牛奶更健康、更可口。」

甜蜜點

「快樂的乳牛生產出比較健康、美味的牛奶。」

你的任務

創作一組廣告系列，包含一個在有線及無線電視節目中播放的電視廣告；兩則全版、全彩平面廣告，刊登在《純真》（*Real Simple*）、《好管家》（*Good Housekeeping*）等等這類「居家」雜誌上；加上三款戶外廣告。

內行人小訣竅

你有一個很好玩的甜蜜點，有很大的潛力做出聰明難忘的

廣告，所以一定要善用它！強調奧伯魏斯的牛「不一樣」——受寵、快樂、被愛。

創意簡報 11：護士熱線

印第安納州的高盛健康體系（Goshen Health System）創立了一個叫做護士熱線的社區外展服務，其中接電話的客服代表一定是合格護士，24 小時接聽非緊急性電話。護士熱線可以處理的問題包括非緊急性的健康諮詢、用藥問題、營養建議、過敏問題，以及高盛健康體系內的醫生轉診服務。

活動目標

將護士熱線介紹給高盛／埃爾克哈特（Goshen/Elkhart）及周邊的社區，使護士熱線及其主要使命的知名度在三個月內達到 100%。

目標市場

女性、年齡 28 歲到 78 歲、高中畢業，部分念過大學、年薪五萬美元以下、已婚、離婚或寡居、兩個到四個小孩、住在高盛、埃爾克哈特以及緊鄰的縣郡。

品牌承諾

針對例行的醫療與健康問題，護士熱線能給你快速、可靠的免費答案。

品牌洞見

護士熱線是不用看醫生或上醫院就能得到健康／醫療諮詢的唯一方法。

消費者洞見

「像信任我的醫生或醫院急診室那樣,我也信任護士熱線。」

甜蜜點

「我住在這個社區感覺到安心、安全,沒有什麼比這個更重要的了。」

你的任務

製作一個兩分鐘的 YouTube 影片(不是前置式廣告)在網路上轉傳。為了接觸年紀比較大的族群,創作一組廣告系列,包含三篇全版的黑白報紙廣告。寫一則 30 秒的廣播廣告。製作一系列三組看板廣告,也能放在高盛健康體系官網上當成靜態橫幅廣告,另外加上三則類似的廣告放在臉書上。最後,做一個 3D 立體直郵行銷品(通常會用到盒子),內含護士熱線電話號碼的提醒小物(冰箱磁鐵、筆),為這個廣告系列打開整合行銷傳播的廣度。

內行人小訣竅

這裡沒有電視廣告,可是有一部 YouTube 影片,所以在視覺風格、主題、文案及醒目的標題上,應該用這部影片來帶領其他媒體及直郵行銷品的製作。

創意簡報 12：冬季的黃石公園

　　大家都想在夏天造訪黃石公園，所以沒有必要打廣告。但沒有人想在冬天去。然而，在人潮稀疏的時候遊覽黃石公園的經驗是清爽、神奇的，而且最後來說是比較好玩的。因為沒有人潮，樹上沒有葉子，也沒有噪音，所以冬天是最好的時機，可以看到讓公園聲名大噪的動物──熊、美洲野牛、狼、麋鹿、駝鹿。穿雪鞋或越野滑雪的定時巡山員導覽健行，甚至在晚上會用火炬照亮沿路，公園的壯麗雄偉一覽無遺。

活動目標

　　建立目標消費者的認知，知曉冬天是全家遊覽黃石公園的理想時機。

目標市場

　　男性及女性、年齡 31 歲到 52 歲、教育程度為大學、年薪95000 美元以上、已婚、至少兩個小孩。

品牌承諾

　　冬季的黃石公園給你們全家人一個難忘的親密經驗。

品牌洞見

　　冬季的黃石公園對你們全家人來說，是視覺的饗宴與靈魂的撫慰。

消費者洞見

「冬季的黃石公園能隔絕忙碌的數位生活，讓全家人聚在一起。」

甜蜜點

「家庭的親密感是幸福快樂不可或缺的要素。」

你的任務

創作一組廣告系列，包含一個在有線及無線電視台播放的電視廣告，並且用來做 YouTube 的前置式廣告，以及臉書或 Google 廣告到達網頁的其中一個部分。運用另外一種行銷傳播載具做促銷，設計一款遊戲／競賽放在社群媒體、黃石公園官網及其他網站上。寄送一份 3D 立體直郵行銷品給曾經在夏天造訪黃石公園的主要客群，他們最有可能在冬天來訪。

內行人小訣竅

這個廣告系列不要做成遊記。冬季的黃石公園是手段，目的則是在忙碌的數位時代下，使全家人團聚在一起。3D 立體直郵行銷品會裝在盒子裡寄送，裡面應該有一份「獎品」，提醒廣告的目標客群，冬季的黃石公園是再度聯繫感情的好方法。

關於廣告，我還沒說的是……

這些該死穿西裝的，從來不給我們足夠的時間！

　　在這一章，我把關於廣告這一行、但似乎不適合放在其他章節的智慧全部納進來。好像我們家裡都會有個抽屜，用來塞一些沒有歸屬居所的重要東西。

公益廣告：既能磨練，又能行善

　　很多時候，進入廣告公司的年輕人會被指派做義務性工作，這些往往是透過公益廣告協會（Ad Council）扮演一種訊息交換的角色，把需要做廣告的慈善活動訊息傳遞過來。廣告公司捐獻員工的時間與技能，媒體則捐獻時間或版面，而協同供應商如攝影師、導演等等則貢獻他們的專業。

　　廣告公司讓年輕的創意人員去做這些廣告活動，是因為他們的薪水不高，加上創意圈普遍認為慈善廣告活動比較好做，因為活動本身已經內具同理心，所以是很好的案子，可用來磨練年

輕創意人員的寫作技巧，最重要的是也能行善。

如我先前談到的，我曾經義務幫美國癌症協會做推廣乳房攝影的廣告。不過，在此之前，我曾經跟德瑞克‧諾曼（Derek Norman）——我在智威湯遜的藝術總監夥伴，做過一個公司在地方上拿到的公益廣告活動。這個廣告活動是為了槍枝控管協會而做，該協會由芝加哥北岸郊區的幾位「社會」女性所組成，義務奉獻時間與勞力給這個組織。他們的目標是促使聯邦消費者產品安全委員會（Consumer Product Safety Commission），把子彈列為有害物質而加以禁止。我想你也會同意，這是個為了讓槍枝從街頭消失的新奇做法。

諾曼和我跟公司裡其他四組創意團隊競爭，我們的廣告活動雀屏中選。後來，智威湯遜發現槍枝控管是個非常容易引爆的議題，所以敬而遠之，諾曼和我必須用自己的時間跟資源來完成這個廣告活動。這個活動被視為為了喚起政治行動而做的典型廣告案例。我們知道不可能有足夠的金錢在付費媒體刊登廣告，因為這個議題對媒體來說爭議性太大了（可悲的是現在依然如此），所以他們不會捐助時間或版面。

因此，活動的真正目標是引起免費的媒體注意，使他們願意讓我們的廣告活動露出，結果確實就是如此。協會在芝加哥召開了一場地方性的記者會介紹這個活動，所以它登上了所有的報紙與電視的地方新聞版面，但真正的大勝利是我們的其中一個廣告被《時代》（Time）雜誌選上。對成長於數位時代的你們而言，我很難形容這是一個多麼具有歷史意義的成就。在那段期間，《時代》雜誌享有極大的觸及率，而且聲譽崇高，每個星期有高達 2000 萬名讀者，是那個時代的臉書與推特。因此，這個廣告

活動絕對達到了溝通的目標——廣為流傳，進而促使許多市民寫信給他們的議員，要求對消費者產品安全委員會施壓，就跟限制其他對消費者不安全的產品一樣，把子彈列入禁止的有害物質。

遺憾的是，就像我說的，這個議題的爆點使協會不可能有任何實質進展，達成其最終的目標。隨著全國步槍協會（NRA）及其他人對國會議員的批評聲浪襲來，該協會的草根行動以及這項廣告活動便失去了動能。

就像我先前在談雷朋廣告系列時所強調的，在廣告活動推出的期間搞點顛覆是很重要的。我們在這個廣告系列的前兩則廣告都有人，但是在第三則廣告卻沒有人。目標對象會期待第三個廣告也會有一個人，所以我們反其道而行，出其不意。你一定會想讓目標市場感到驚訝，就第三個廣告來說，我們做得好像一張貼在牆上的海報那樣，讓標題布滿彈孔。我想你也同意，如果我們把這幅廣告當成系列廣告的第一篇，而非最後一篇，不會像有人頭的廣告那樣具有張力；不過如果當成系列的第三則廣告，那它就改變了步調，效果就會非常好。

文案寫手共同的恐懼

當你從廣告公司外面來看這些得獎的文案寫手，會以為他們是自信、完美、無所畏懼的專業人士。其實不然。他們嚇壞了。創意人無論得了多少獎，工作多少年，開會時，當任務指派下來，他們也很害怕：這次不一樣，這次我會想不出任何東西，這次我會失敗。到了如今，他們知道自己的潛意識有多麼善變難以捉摸——有時候想得出東西，有時候就放你孤苦無依、腸思枯竭。

這一次會這樣嗎？我得用到 B 計畫，從我的意識中硬擠出東西來嗎？當客戶經理或創意總監把新的任務交下來時，每家廣告公司裡的每個創意人想的都一樣，但大家的處理方法都不一樣。

我的創意團隊裡有個藝術總監是用憤怒來掩蓋他的驚恐。「這些該死穿西裝的，從來不給我們足夠的時間！」「憑這些內容，誰做得出什麼東西？」「我不會在這種情況下開工！」諸如此類。我第一次聽到這些激烈的言論，真的很怕他會離職。但他沒有這麼做。然後我明白這些不安所為何來──完全是因為恐懼的關係。這位藝術總監就是這樣面對他的創意惡魔，這些咆哮、威脅、詛咒，都是他宣洩恐懼的方法。

日子一天天過去，憤怒逐漸平息，有一天會完全消失。現在，當我在走道上遇到他，他的臉上掛著滿懷希望的笑容，我對他說「嗨！」，他充耳不聞。他想到了！他搞定了！他再次打敗「廣告之神」！那個笑容告訴我，他想到了不起的創意，而我跟大家還有客戶都會對他崇拜不已。創作就是這樣一種挑戰死亡般令人汗毛直豎的過程，傷筋動骨，可是，當雲開見日、靈光一閃的時刻來臨，又是如此美妙。第一波興奮、顫慄與力量的浪潮湧上來時，一切都值得了──至少在下一次會議上恐懼來襲前是如此。

「我喜歡你的孩子，可是……」

創意人員想出來的每一個點子、廣告、視覺、標題、文案等等，都是他們的寶貝，絕對跟媽媽生下小孩如出一轍，他們給了它們「生命」。這些寶貝出自他們的潛意識深處，是原始、發自

肺腑、個人化的產物，而對他們來說，更是來自生命的深處。

　　然而，廣告業非關個人的展現，詩人才是。廣告是應用寫作，目的在於喚起認知、說服、操縱，並且希望銷售成功。付錢的客戶下了很大的賭注，就像我說過的，他們的企業就奠基在品牌之上。如果品牌的銷量不好，整家公司的商業模式都會分崩離析。既然冒了這麼大的風險，無怪乎廣告公司內外有這麼多人，對你的「寶貝」有這麼強的感受。他們會說：「我不喜歡你寶貝的鼻子，你不介意把它改小一點吧？」「寶貝穿的那件衣服不行，給她穿上我做的這件洋裝怎麼樣？」諸如此類。日復一日，年復一年，你的寶貝被「改造」、被「修正」，最常發生的情況是「被弄死了」。

　　沒錯，你最好的點子有絕大部分出不了廣告公司的大門。經過這樣的荼毒殺戮之後，大家都希望你表現出「專業精神」，不要認為這是「針對個人」。什麼？你當然覺得這是「針對個人」，這個點子就是我的一部分啊！我怎麼可能不認為是「針對個人」？他們的意思是，這件事情不單發生在你身上，每一個想到點子的人都有同樣的遭遇。這個行業就是這樣。他們是對的。你可以為你的寶貝奮力爭取，甚至被鼓勵這麼做，可是有的時候，大家都希望把你的寶貝賜死。我可以用我多年的經驗告訴你，它令人非常、非常痛苦。你的心都碎了。然後，隔天早上你還是要起床上班，整件事情又重演一遍。

　　廣告業這個部分的生態會逼走創意人員，因為太痛苦了，又發生得太頻繁了。有時候，你就是再也承受不住那樣的心痛。這種情況有時發生在上作品集學校的時候，有時發生在工作兩年後，有時發生在工作 20 年後。不過總是會發生。你到了某個臨

界點，再也無法多失去一個小孩。所以你跑去搞房地產，變成一個劇作家（然後讓更大的寶貝死在懷中），你去教書，退休去海灘度假，寫一本小說（或寫一本這樣的書），或者就這麼放棄整個創作過程。你蠟炬成灰，靈魂已然承受不了。

當這樣的時刻來臨，希望你已經做出一些令你自豪的傑出作品。因為就算對你來說一切都已結束，列車還是會繼續向前駛去。品牌需要品牌廣告來為其收取高額定價合理化，而擁有品牌的企業則需要創造利潤來取悅華爾街。你也許已經厭倦這樣的屠殺，可是列車仍然向前走，總是會有無以計數的年輕人想要奮力登上火車，取得一席之地。

找位導師陪你一同茁壯

廣告公司的規模越大，你就越需要一位導師。在小型的廣告公司，老闆很容易看到並認可你的貢獻，大公司不是這樣。管理高層可能甚至不太認識你這個人，在走廊上遇到了，連名字都叫不出來，更別提知道你今天替他們想出什麼石破天驚的點子。

導師的年紀較長，通常也在創意部門工作，他們在你身上看到自己的影子，那是一種發生在兩人之間的化學作用，雙方就這麼看對眼，而且相處融洽。對某些導師來說，你代表他們不再重蹈覆轍的第二次機會。對其他導師來說，你近乎他們的複製品，即便他們退休了，最後被大多數人所遺忘，但你會繼續他們的戰鬥，他們的傳奇。從門生的角度來看，導師可以在廣告公司裡保護你。他們會在你無法參加的會議上提到你，給你一些你甚

至不知道已經成形的好差事。他們看顧著你，使你不因犯下致命錯誤的負面風險而累及職業生涯。

顯而易見，導師的位階越高，能替你做的事便越多。有時候，導師與門生的關係就這麼發生了。有時候，是導師在尋找門生，或者反過來。年輕人一旦在某間廣告公司安頓下來，便要仔細考慮誰會是你的導師。你甚至可能有不只一位導師。誰是導師很重要，可是更重要的是有一位導師。否則，你在廣告公司（或任何一家公司）往上爬的機會就會被扼殺。

猜猜看誰會扼殺你？其他年輕人的導師！正是如此。廣告公司是個競爭激烈的環境，每個人都在爭取做出好作品的機會。一旦真的做出成果了，則會爭取在客戶面前曝光，最後被製作成廣告。你無法單打獨鬥，也絕對無法獨力獲勝。在廣告公司，你需要朋友幫忙你、保護你、培養你。不過，你的職業生涯若想成長茁壯，你最需要的就是一位好的導師。否則，你永遠沒有機會做出夢寐以求的出色作品。

最神祕的朋友：相信你的直覺

當你開始創作，需要花一點時間信任你的直覺。關於這個主題，我極力推薦一本很棒的書，叫做《決斷兩秒間》（*Blink: The Power of Thinking without Thinking*），作者是麥爾坎‧葛拉威爾（Malcolm Gladwell）。他在書中所指涉的「直覺」，其實就是潛意識的另外一種用語，我在書裡都用這個字眼。

一如我在學習創意思考那個章節所說的，你最好的、最出人意表的、最不尋常的點子都是來自潛意識；我也鉅細靡遺地談

到，如何讓你肩頭上這一台無限「電腦」為你所用。一旦如此，最後你會發現一個令人吃驚的事實──你的潛意識跑在你的意識之前千里之遠。理由是你的潛意識可以比你的意識處理更多「資料」，而且處理得更快。

因此，當你遵循潛意識的指引，你會發現自己在做一些你也不能馬上明白箇中緣由的事情，接著，也許過了幾個小時、幾天或甚至幾個禮拜之後，你的意識才趕上進度，明白你的潛意識在老早之前就已經明白的事情。當這種情況開始發生在你身上，而且次數越來越多之後，你會到達我（還有其他花了很多年時間傾聽自己潛意識的人）所到達的狀態，那就是你根本不會懷疑自己的直覺。你會跟著它著走。就像我早先提到的，最好的方法，就是把你的潛意識當成住在你腦子裡的另外一個人，而這個人的能力是無窮無盡的。

我相信，我的潛意識是我跟許多東方宗教談到的「集體意識」，甚至我們這個宇宙之「神」之間的個人連結。你是不是也跟我一樣相信這件事情並不重要，我在這裡寫出來，只是要讓你清楚，你的潛意識擁有多麼浩瀚廣博的能耐。你越是去挖掘它的潛能，你越會感到歡樂無窮，而且非常舒服自在，彷彿在你的腦海裡，你不是孤獨一人，有個神祕的朋友等在那裡，帶著你去追求無限的可能性。

你的戶頭裡有錢──還有什麼？

錢的重要性被高估了。人生最重要的兩件事情，就是人和時間，兩者都是不可替代的，一旦逝去，便再也不回頭。相較之

下，錢無足輕重。所以，用錢要大方，用時間則要斤斤計較。沒有人知道我們有多少時間可用，更讓事情雪上加霜。這種情況就好比你有個支票帳戶，可是卻從來不知道有多少錢在裡面。你是否「花用」得太快，還是太慢、太保守？說不定你的「戶頭」裡有一大把的時間，又也許根本沒有。

考慮到這個現實情況，我會把重心放在時間跟人，少花點心思在錢上面。把時間用在你熱愛的人和工作上。希望你有很多時間可用，可是你沒法確定，所以一定要善加運用，莫受慫恿而耽擱了重要的人事物。錯過了，可能就不再有。

馳騁吧！一年抵七年的廣告人生

既然我們談到時間，不妨談談廣告業的步調有多麼快，尤其是廣告公司。我對我的學生形容那就像狗狗的歲月——在廣告業做一年，猶如在其他行業做了七年。所以，在廣告業做了 30 年，感覺上就像過了 210 年。難怪我看起來這麼蒼老。你去度假一個星期，等你回來後，你敢說時間已經過了一年。工作來了又走，案子贏了又輸，有新人進來，也有人離開，不管是自願的或其他原因。變化層出不窮，快速又難以預料。

在廣告業發展得很好的人，會覺得這樣真的很好玩。當然，情況並非總是如此，不過廣告業的人泰半容易覺得無聊，總是在尋找新的刺激。廣告人不管做哪個部門，對任何事情都懷有好奇心。我也不確定他們（創意部門裡或其他部門的人）是因為有創意，所以有好奇心；還是因為好奇心強，所以很有創意。這就好像雞生蛋或蛋生雞的問題——誰先誰後呢？

　　不管怎樣，在廣告業成功的都是那些進了樂園便衝向雲霄飛車的人，發出軋軋聲且慢斯條理地繞著公園跑的火車太一成不變了，他們追求的是令人感到噁心想吐的馳騁、毫不猶豫的轉彎以及 360 度大迴圈。他們活著，而且他們想要確定自己知道這一點。

停止失敗，反而會成為輸家

　　「經驗，是很多人給自己的錯誤取的別名。」這句話引自王爾德，你可能從來沒聽過這個人，他是 20 世紀初非常成功的劇作家，以名言語錄聞名於世，其機智的措辭中往往含有豐富的見地與建言。

　　在我們這一行，你會欽佩經驗豐富的人，可是，經驗其實是一連串的錯誤所組成。失敗是成功的基因。不管任何人從事任何努力，在通往成功的路上都曾經跌倒過。他們一次一次地失敗，不過，只要他們繼續努力，就絕對不是會是個失敗者。當你停止嘗試──其實就是停止失敗，你就是個輸家。

　　我從芝加哥開車到肯特州立大學（Kent State University）的路上，曾經看到一個很棒的看板，上面有個已經深植人心的林肯肖像，標題則是：「失敗、失敗、失敗……，然後。」如果你對林肯略有所知，會知道這句標題所講出的事實。所有偉大的女性與男性在成功之前都會失敗，他們的與眾不同之處，在於他們不達成功絕不停止失敗。

　　學習任何技能都是一種嘗試錯誤的過程，換句話說，就是控制下的失敗。你會犯錯，事實上，在我的「技能」課裡，我在

歡迎來到課堂上的學生時，把我的課叫做「失敗教室」。所有的人都即將犯下大量的錯誤，他們要有心理準備，也要接受這個事實。勇氣就來自於克服這些不可避免的錯誤，慢慢地將之轉化為成功。創辦《哈芬登郵報》（*Huffington Post*）的女士說，她的桌上放著一塊飾板，上面寫著：「犯下新的錯誤。」說得真是好極了。錯誤在意料之中，你只是不能一直犯同樣的錯誤。從錯誤中學習，然後犯下新的錯誤，永遠不要停下腳步。只要你一直犯錯，你就知道自己還在學習中。活到老，就學到老。

後記：給你，未來的創意人

我猜非小說類的書籍不應該有後記，不過，不知怎麼的，我覺得這本書很適合放。美好的事物都有盡頭，即便我不能像認識我的學生那樣親自認識你，但我覺得我們彷彿共同走了一趟旅程，我教導你，和你一起工作，幫助你得到你想要的廣告創意人職涯。這是一條漫長的路，而且肯定顛簸不平。廣告業就是這樣，在這一行能夠成功的人，都是渴望來一趟狂野之旅的人。希望這本書能幫助你決定自己是否適合走廣告創意人這條路，如果可以的話，也能讓你知道如何入行。你不會一路幸福快樂，但我保證你永遠不會感到無聊。

　　各位都比我更了解網路。你們生長在網路世代，網路就是生活的一部分。如我先前說過的，研究廣告並不難，在真實世界或虛擬世界，身邊處處有案例。不過，重點在於不要用廣告的消費者身分去觀看你眼中的廣告，而是用學生的角度去看。永遠要把「學生」這頂帽子緊緊地戴在頭上。這樣的話，光是觀看身邊與網路上的廣告，你就能學到很多很多的東西。

　　你要不停地分析、評論與質疑：這則廣告影片為什麼會對你發揮作用？為什麼不會？這則廣告什麼地方做對了？而就在隔壁頁的這個廣告又為什麼沒搞好？在我的文案課，我們也會做類似的練習，我把它叫做「好的、壞的、有夠爛的」[17]。我把這些標題寫在黑板上，接著我們看了上百篇的平面廣告（因為它們全

17　譯注：這段形容借用自電影《黃昏三鑣客》（*The Good, the Bad, and the Ugly*）的片名。這部電影是義大利導演塞吉歐 · 李昂尼（Sergio Leone）於 1966 年製作的西部片鑣客三部曲的最後一部，其中以美國南北戰爭為時代背景。

杵在一個地方不動，讓我們去實際研究），然後學生們會對這些廣告屬於這三種類別的哪一種進行投票。

如我先前提過的，從壞的廣告學到的東西不亞於好的廣告。環顧身邊的看板，瀏覽一下雜誌，看看電視廣告，聽聽廣播，到網路上逛逛，研究一下社群媒體。吸收這些好的、壞的、有夠爛的廣告，這樣能讓你做出越來越好的廣告。你會越來越有辦法校訂自己的作品，從平庸到十分拙劣的點子當中，一眼看到出色的好點子，這是成為廣告專業人員所不可或缺的環節。除此之外，我認為下面這幾個網站對你來說特別重要：

1.YouTube：YouTube 上面什麼都有。它是觀看與分析當前的、過去的和經典電視廣告活動、廣告歌曲等等的好地方。至於平面廣告、戶外廣告和其他靜態廣告的範例，到 Google 上搜尋圖片是一定免不了的，你會找到上千個案例來研究。

2.《傳播藝術》雜誌：《傳播藝術》網站上每年都有一個年度廣告獎是一定要讀的，它所有的年度廣告（advertising annuals）得獎作品也要去看，能找到多久的就找多久的。我的 Van Camp's 的豬肉豆罐頭廣告在 1979 年獲獎時，是我職業生涯的其中一個顛峰。要研究頂尖的平面廣告，看這些年度廣告特別好。我認為這一行大多數的人都會說，《傳播藝術》是聲望最高也最難贏得的競賽。

3. 賽倫獎（Siren Award）：賽倫獎網站（www.sirenaw ards.com/au）是聆聽最有創造力的廣播廣告及廣告系列的好地方。它

是國際性的網站，你會發現，很多國家做出來的廣播廣告比美國做的還要出色。

4. 美國戶外廣告協會（OAAA）：美國戶外廣告協會 (www.oaaa.org) 贊助奧比獎（Obie Awards）的舉辦，以表揚傑出的戶外廣告。觀看這些得獎作品是個很好的方法，可以激發出你在這類讓人猛然精神一振的媒體上的創造力。

5. 美國廣告協會（AAF）：到 www.aaf.org 造訪美國廣告協會的網站。許多大學廣告系都有 AAF 的學生分會，而很多講授廣告系列活動的課程也會使用 AAF 的年度案例作為核心教材。除此之外，AAF 還贊助舉辦全國性、區域性與地方性的艾迪獎（ADDY Award）。AAF 網站也有學生專區。這個網站是各種廣告媒體傑出作品的寶庫。看到地方性的廣告在非常有限的預算下，還能做得如此靈巧又有創造力，特別具有啟發性。

這些只是幾百個線上及線下你可以找到得獎作品來研究的地方。我還有很多其他獎項可以推薦給你──Clio 廣告獎、紐約藝術總監獎（New York Art Director's Awards）、One Show 廣告獎等等，這裡只是一個起頭。像我說的，你比我還知道怎樣在網路上閒逛，所以給自己一個小時或者找一天睡覺前你很放鬆的時候，找找廣告來看，並且加以分析評論──好的、壞的、有夠爛的。

附錄 正文裡沒說完的事

Daisy Shaver 廣告歌詞

以下是我用在廣播廣告及電視廣告上的 Daisy 廣告歌曲的歌詞。跟你寫的比起來怎麼樣？我有很多學生寫出一樣聰明的廣告歌曲，有時甚至有過之而無不及。

雛菊刮刀像花瓣刮過肌膚（Daisy shaves you soft as a petal）
清潔又安全的好工具（Daisy shaves you soft as a petal）
為自己摘朵美麗小雛菊（Pick yourself a pretty little Daisy）
用雛菊刮刀最安心（Daisy shaves the safe way）
雛菊刮刀的弧度佳（Daisy's curved in a special way）
你能隨心所欲讓它跟著走（So you can see where you're goin'）
雙刀片刮起來清潔又安全（It's got twin blades to shave you clean and safe）
像花瓣刮過你的雙腿（On the legs that you'll be shown'）
為自己摘朵美麗小雛菊（Pick yourself a pretty little Daisy）
用雛菊刮刀最安心（Daisy shaves the safe way）

當我們在做旁白式的廣播或電視廣告時，會把中間的三段拿掉，只保留開頭與結尾兩段。不過，歌詞被拿掉的時候，純音樂還是會繼續，旁白員會在此時接手上場。因為歌詞跟純音樂是兩個不同的音軌，所以我們可以在任何地方、任何時候拿掉歌詞。

平面廣告標準格式

建議你在為平面廣告系列充實內容的時候，使用以下的簡單格式。像我說過的，我要讓你專心思考，在這個時候不要分心去做任何版面配置之類的事情。一旦你有了想要做的廣告系列，再自己做出實際的版面配置，或更好的是找個平面設計師，把你的構想與文案轉換成實際的廣告。

標題

把你的標題寫在這裡。

視覺

此處簡要描述你的視覺圖像。

文案

把三段式內文寫在此處。

廣告主題／口號標語

平面廣告系列的每一個廣告都應該要有類似的視覺外觀，

而且在廣告的文案部分，可以用一個主題台詞、口號或廣告標語來擴充這種集體感，不過，你需要思考一下。我的開特力廣告系列就是一個很好的範例。出現在三則廣告中瓶子與閃電右方的主題台詞是：「當你渴望勝利。」跟標題相反，主題或口號的壽命比較長，範圍比較廣，比起單一廣告的特定視覺圖像，它們跟品牌本身的關係比較深。

標誌

這裡放公司或品牌的標誌。

三段式文案規則

第一段：用完全一模一樣或稍微有點不同的方式重述你的標題。

第二段：廣告的標題是你對目標市場所承諾的效益。在第二段，你需要「證明」此事，並且提供細節、客觀的第三方證言及事實，來支持你在標題所提出的承諾。到網路上挖掘，找到事實。公正第三方的背書或證言的說服力很高，因為你的目標市場會認為他們是客觀的、「講真的」。

第三段：**再次重述你的標題**（或者是略做修改）。接著，讓消費者知道你想要他們接下來做什麼——你的行動召喚。不過，你也可以把目標市場導向打免付費電話、上網，或者造訪某一家或某幾家特定的零售店面。有需要的話，也可以把以上的行動召喚全部納進來。

國家圖書館出版品預行編目(CIP)資料

一次寫出勸敗神文案：從平面DM到臉書宣傳，這
樣的廣告最推坑！/ 威廉．貝瑞(William Barre)著
；吳慧珍，曹嬿恆譯. -- 初版. -- 臺北市：商周出版：
家庭傳媒城邦分公司發行, 民104.12
　　面；　公分. --（新商業周刊叢書；BW0513）
譯自：Behind the Manipulation：the Art of
Advertising Copywriting
ISBN 978-986-272-935-9(平裝)

1.廣告文案 2.廣告寫作

497.5　　　　　　　　　　　　104025401

新商業周刊叢書　BW0513

一次寫出勸敗神文案
從平面DM到臉書宣傳，這樣的廣告最推坑！

原 文 書 名／Behind the Manipulation: The Art of Advertising Copywriting
作　　　者／威廉・貝瑞（William Barre）
譯　　　者／吳慧珍、曹嬿恆
企 劃 選 書／黃鈺雯
責 任 編 輯／黃鈺雯
版　　　權／黃淑敏
行 銷 業 務／張倚禎、石一志

總 編 輯／陳美靜
總 經 理／彭之琬
發 行 人／何飛鵬
法 律 顧 問／台英國際商務法律事務所
出　　　版／商周出版　臺北市中山區民生東路二段141號9樓
　　　　　　電話：(02)2500-7008　傳真：(02)2500-7759
　　　　　　E-mail：bwp.service@cite.com.tw
發　　　行／英屬蓋曼群島商家庭傳媒股份有限公司　城邦分公司
　　　　　　台北市104民生東路二段141號2樓
　　　　　　電話：(02)2500-0888　傳真：(02)2500-1938
　　　　　　讀者服務專線：0800-020-299　24小時傳真服務：(02)2517-0999
　　　　　　讀者服務信箱：service@readingclub.com.tw
　　　　　　劃撥帳號：19833503
　　　　　　戶名：英屬蓋曼群島商家庭傳媒股份有限公司城邦分公司
香　　　港／城邦（香港）出版集團有限公司
發 行 所　香港灣仔駱克道193號東超商業中心1樓
　　　　　　電話：(825)2508-6231　傳真：(852)2578-9337
　　　　　　E-mail：hkcite@biznetvigator.com
馬　　　新／城邦（馬新）出版集團
發 行 所　Cite (M) Sdn Bhd
　　　　　　41, Jalan Radin Anum, Bandar Baru Sri Petaling,
　　　　　　57000 Kuala Lumpur, Malaysia.
　　　　　　電話：(603)9057-8822　傳真：(603)9057-6622　email: cite@cite.com.my

封 面 設 計／比比司設計工作室　　　內文設計暨排版／無私設計・洪偉傑
印　　　刷／韋懋實業有限公司
經 銷 商／聯合發行股份有限公司　電話：(02)2917-8022　傳真：(02) 2911-0053
　　　　　　　　　　　　　　　　地址：新北市231新店區寶橋路235巷6弄6號2樓

ISBN／978-986-272-935-9　　　版權所有・翻印必究（Printed in Taiwan）
定價／360元

城邦讀書花園
www.cite.com.tw

2015年（民104）12月初版
2018年（民107）11月初版3.4刷